2019年版　　　　　　　　　　　　　　　　丛书主编　柯　洪

全国一级造价工程师职业资格考试考前冲关九套题

建设工程计价

天津理工大学造价工程师培训中心
柯　洪　　　主编

中国建筑工业出版社
中国城市出版社

图书在版编目（CIP）数据

建设工程计价/天津理工大学造价工程师培训中心，柯洪主编. —北京：中国城市出版社，2019.9
2019年版全国一级造价工程师职业资格考试考前冲关九套题
ISBN 978-7-5074-3194-0

Ⅰ.①建… Ⅱ.①天… ②柯… Ⅲ.①建筑工程-工程造价-资格考试-习题集 Ⅳ.①TU723.3-44

中国版本图书馆CIP数据核字（2019）第178836号

根据20余年造价工程师职业资格考试培训经验，结合考生在复习备考时遇到的各类困境和疑惑，编委会精心策划编写了本套试卷，目的是通过仿真模拟训练的方式增强考生对知识点的掌握程度，熟悉常见题型。与其他的模拟试卷相比，本套试卷独具以下特点：

1. 循序渐进，循环提高。本套试卷主要针对参加土建和安装专业的考生，四门专业课程都准备了九套仿真试题（除"案例分析"课程为七套外），并创新性地将其分为逆袭卷（五套）、黑白卷（三套）和定心卷（一套）。

2. 关注新增及修订的知识点。本套试卷对新增及修订知识点重点关注，反复用不同题型进行训练，提高考生掌握的熟练程度。

3. 配合解析，掌握易错考点。考生往往面临"知其然、不知其所以然"的困境。针对这一难题，本套试卷选择了部分考题进行详细解析，详尽深入阐述各易错考点。

责任编辑：朱晓瑜　张智芊
责任校对：焦　乐

2019年版全国一级造价工程师职业资格考试考前冲关九套题
建设工程计价
天津理工大学造价工程师培训中心　主编
柯　洪

*

中国建筑工业出版社、中国城市出版社出版、发行（北京海淀三里河路9号）
各地新华书店、建筑书店经销
北京佳捷真科技发展有限公司制版
北京富生印刷厂印刷

*

开本：787×1092毫米　1/16　印张：10½　字数：246千字
2019年9月第一版　2019年10月第二次印刷
定价：36.00元
ISBN 978-7-5074-3194-0
（904175）

版权所有　翻印必究
如有印装质量问题，可寄本社退换
（邮政编码100037）

前　言

一、2019年一级造价师职业资格考试的特点分析

造价工程师职（执）业资格自从1996年建立以来，已历20余载，全国有近20万从业人员取得了相应专业的造价工程师职（执）业资格证书。2019年恰逢考试制度做出重大调整，主要体现在以下几方面：

1. 2019年是《造价工程师职业资格制度规定》和《造价工程师职业资格考试实施办法》（建人〔2018〕67）真正落地实施的第一年。国家组织一级造价工程师职业资格考试（分为四个专业），各地方组织二级造价工程师职业资格考试。为了体现出一级与二级造价工程师的级别差异，很有可能调整一级造价工程师的考核难度。

2. 2019年采用了新版《造价工程师职业资格考试大纲》，进行了比较大的结构性调整。"建设工程计价"课程满分调整为100分，考试时间压缩为150分钟；"建设工程造价案例分析"课程满分调整为120分。这些考试形式和分值的变化对广大考生的应试备考提出了新的要求。

3. 2019年使用新版"造价工程师职业资格考试培训教材"，各门课程的内容都进行了不同幅度的调整（大约在15%~20%）。新修订及增加的内容在考核中如何要求，也是广大考生必须面临的一大问题。

二、考生在复习备考时遇到的困难

经过长期以来对考生复习状况的跟踪调研，以及与部分考生代表的当面沟通，大部分积极备考的考生普遍反映教材的内容并不难理解和掌握，但在考试时还是会不断出现判断、选择或计算错误。造成这些应考困境的主要原因是：

1. 造价工程师职业资格考试的教材内容就专业知识的层面来说并不很深，大多是从事专业领域工作应具备的基础知识。很多考生学习起来并不是很吃力，但经常出现顾此失彼的现象。因为同时进行四门课程的备考，不免在时间和精力分配上力不从心。并且各门课程的内容容易相互干扰，每一个知识点内容都不难掌握，但把四门课的知识点都集中在一起不免存在"丢东忘西"的状况。

2. 经过20多年的发展，造价工程师职业资格考试已经形成了比较稳定的

模式。也就是不仅仅要求考生能够学会教材中的各个知识点，还必须能够牢固掌握并灵活运用。造价工程师职业资格考试的题目有时可能在一个相对简单的知识点上设计一些难度较大的题目，考生如不能掌握考试规律，很难得到理想的分数。

3. 考生备考时有时会有无从下手之感。面对厚厚的几百页教材，考生往往会抓不住重点，不了解主要的考点，不了解主要的题型，不了解主要的考试方式。如果在复习备考中不辅助以大量的高质量习题训练，可能最终会有事倍功半的结果。

三、本套试卷的主要特点

根据20余年造价工程师职业资格考试培训的经验，结合考生在复习备考时遇到的各类困境和疑惑。编委会精心策划编写了本套试卷，目的是通过真题模拟训练的方式增强考生的知识点的掌握程度，熟悉常见题型。与其他的模拟试卷相比，本套试卷独具以下特点：

1. 循序渐进，循环提高。本套试卷主要针对参加土建和安装专业的考生，四门专业课程（除"案例分析"课程为七套外）都准备了九套真题，并创新性地将其分为逆袭卷（五套）、黑白卷（三套）和定心卷（一套）。逆袭卷用于考前45~60天的阶段，主要特点是覆盖面广，对所有知识点和考点全面覆盖，以帮助考生深入掌握教材内容；黑白卷用于考前30天的阶段，主要特点是集中于教材的重点、难点及高频考点，以帮助考生最快速度最大程度掌握考试中分值占比最大的知识点；定心卷用于考前7~15天的阶段，主要特点是全真模拟考题难度，考生可以更加真实地测定出知识的掌握程度。

2. 关注新增及修订的知识点。每次教材改版时，新增及新修订的考点通常都会作为重点考核的内容。本套试卷针对这些知识点亦重点关注，反复用不同题型进行训练，提高考生掌握的熟练程度。

3. 配合解析，掌握易错考点。考生往往面临"知其然、不知其所以然"的困境。针对这一难题，本套试卷选择了部分考题进行详细解析，详尽深入阐述各易错考点。考生可举一反三，避免在考试中被类似题型迷惑，可以取得更好的成绩。

相信通过对本书中各套真题的学习，考生可以大幅度提高对各知识点的掌握程度，取得理想的考试结果。由于编者水平有限，难免会有疏漏，还望各位考生原谅并提出宝贵意见。

2019年8月

目 录

逆袭卷

模拟题一	3
模拟题二	14
模拟题三	25
模拟题四	36
模拟题五	47

黑白卷

模拟题六	61
模拟题七	72
模拟题八	83

定心卷

模拟题九	97

专家权威详解

模拟题一答案与解析	111
模拟题二答案与解析	117
模拟题三答案与解析	122
模拟题四答案与解析	127
模拟题五答案与解析	133
模拟题六答案与解析	139

模拟题七答案与解析 …………………………………………………………… 144
模拟题八答案与解析 …………………………………………………………… 150
模拟题九答案与解析 …………………………………………………………… 156

逆襲卷

模拟题一

一、单项选择题（共60题，每题1分。每题的备选项中，只有一个最符合题意）

1. 为完成工程项目建设并达到使用要求或生产条件，在建设期内预计或实际投入的全部费用总和为（　　）。
   A. 建设项目总投资　　　　　　　　B. 固定资产投资
   C. 建设投资　　　　　　　　　　　D. 工程费用

2. 在计算国产非标准设备原价时，以下各项中属于增值税的计税依据的是（　　）。
   A. 销项税额　　　　　　　　　　　B. 进项税额
   C. 利润　　　　　　　　　　　　　D. 非标准设备设计费

3. 以下各项中属于安装工程费的是（　　）。
   A. 设备基础工程的费用　　　　　　B. 石油、天然气钻井等工程的费用
   C. 电缆导线敷设工程的费用　　　　D. 与设备相连的工作台等设施的工程费用

4. 根据"十三五"规划纲要，社会保险费中实施合并试点的是（　　）。
   A. 生育保险与医疗保险　　　　　　B. 养老保险与失业保险
   C. 医疗保险与工伤保险　　　　　　D. 失业保险与医疗保险

5. 根据《房屋建筑与装饰工程工程量计算规范》GB 50854，下列各项中属于临时设施费的是（　　）。
   A. 现场生活卫生设施费用　　　　　B. 消防设施与消防器材的配置费用
   C. 工程防扬尘洒水费用　　　　　　D. 施工现场规定范围内临时排水沟铺设费用

6. 在城市规划区内国有土地上实施房屋拆迁，企业单位因搬迁造成的减产、停工损失补贴费属于（　　）。
   A. 拆迁补偿金　　　　　　　　　　B. 安置补助费
   C. 地上附着物补偿费　　　　　　　D. 迁移补偿费

7. 关于专利及专有技术费的计算，下列表述中正确的是（　　）。
   A. 专有技术的界定应以国家鉴定标准为依据
   B. 项目投资中应计算需在项目寿命期内支付的专利及专有技术使用费
   C. 协议或合同规定在生产期支付的商标权和特许经营权费应在建设投资中核算
   D. 为项目配套的专用设施投资，如由项目建设单位负责投资但产权不归属本单位的，应作无形资产处理

8. 关于基本预备费的概念，下列表述中正确的是（　　）。
   A. 基本预备费是指投资估算、工程概算、工程预算阶段预留的费用
   B. 实行工程保险的工程项目，基本预备费可适当降低
   C. 包括超规超限设备、材料、构件运输增加的费用

D. 工程变更和洽商不得从基本预备费中列支

9. 已知某项目建筑安装工程费为2000万元，设备购置费3000万元，工程建设其他费1000万元，若基本预备费费率为10%，项目建设前期为2年，建设期为3年，各年投资计划额为：第一年完成投资20%，其余投资在后两年平均投入，年均价格上涨率为5%，则该项目建设期间价差预备费为（　　）万元。

A. 575.53　　　　　　　　　　B. 648.18
C. 752.73　　　　　　　　　　D. 1311.02

10. 当利用函数关系对拟建项目的造价进行类比匡算时，通常基于的变量是（　　）。
A. 某个表明设计能力或者形体尺寸的变量
B. 某个表明设计能力或者资源消耗的变量
C. 某个表明资源消耗或者形体尺寸的变量
D. 某个表明资源消耗或者型号规格的变量

11. 在工程量清单计价过程中，分部分项工程费、措施项目费、其他项目费、规费、税金的合计应为（　　）。
A. 单项工程报价　　　　　　B. 单位工程报价
C. 建设项目总报价　　　　　D. 投标报价

12. 按照工程量清单计价的一般原理，以下各项中不属于工程量清单必须载明内容的是（　　）。
A. 项目名称　　　　　　　　B. 项目特征
C. 工程数量　　　　　　　　D. 项目编码

13. 当出现计量规范附录中未包括的清单项目时，编制补充项目时应遵循的原则是（　　）。
A. 补充项目的编码由分部工程的代码与B和三位阿拉伯数字组成
B. 在工程量清单中应补充项目的项目名称、项目特征、计量单位和工程量计算规则
C. 补充项目的编码应按计量规范的规定确定
D. 将编制的补充项目报市级或行业工程造价管理机构备案

14. 在机器工作时间的分类中，混凝土搅拌机搅拌混凝土时超过规定搅拌时间，属于（　　）。
A. 机械进行任务内和工艺过程内未包括的工作而延续的时间
B. 低负荷下工作时间
C. 机械在负荷下所做的多余工作时间
D. 与机器有关的不可避免中断

15. 有关工作日写实法的内容，以下表述中正确的是（　　）。
A. 当采用工作日写实法取得编制定额的基础资料时，通常需要测定1~3次
B. 工作日写实法是利用写实记录表记录观察资料
C. 工作日写实法记录时间时需要将有效工作时间分为各个组成部分
D. 工作日写实法通常对整个工作班或半个工作班进行长时间观察

16. 根据人工日工资单价的组成，下列各项中属于特殊情况下支付的工资的是（　　）。

A. 增收节支支付给个人的劳动报酬
B. 定期休假时按计时工资的一定比例支付的工资
C. 保证职工工资水平不受物价影响支付给个人的物价补贴
D. 高温作业临时津贴

17. 关于施工仪器仪表台班单价的组成，下列表述中正确的是（   ）。
A. 施工仪器仪表的台班维护费中通常需考虑除税系数
B. 施工仪器仪表台班单价中不包括检测软件的相关费用
C. 施工仪器仪表的台班动力费中包括耗用的电费、水费及其他动力费等
D. 计算施工仪器仪表台班折旧费时，年工作台班与年制度工作日通常是相等的

18. 下列关于预算定额的表述，正确的是（   ）。
A. 预算定额是完成一定计量单位合格分项工程和结构构件所需消耗的人材机数量及其相应费用标准
B. 预算定额是完成一定计量单位合格分项工程所需消耗的人材机数量及其相应费用标准
C. 预算定额是完成一定计量单位合格分项工程和结构构件所需消耗的人材机数量标准
D. 预算定额是完成一定计量单位合格分项工程所需消耗的人材机数量标准

19. 在概算指标的列表形式中，对电气照明工程列出配线方式和灯具名称属于（   ）部分的内容。
A. 工程特征   B. 示意图
C. 经济指标   D. 构造内容及工程量指标

20. 在各类工程计价信息中，通常未经过系统的加工处理，可以称为数据的是（   ）。
A. 人工费价格指数   B. 建筑工种人工成本信息
C. 单项工程造价指标   D. 单位工程造价指标

21. 在材料价格信息的发布中，通常不需要披露的是（   ）。
A. 供货单位   B. 供货方式
C. 供货地区   D. 发布日期

22. 以下各类项目中，在确定建设规模时需要考虑移民安置因素的是（   ）。
A. 水利水电项目   B. 矿产资源开发项目
C. 铁路、公路项目   D. 技术改造项目

23. 下列各种投资估算编制方法中，适合用于可行性研究阶段投资估算编制的是（   ）。
A. 生产能力指数法   B. 比例估算法
C. 指标估算法   D. 混合估算法

24. 决策阶段进行技术方案选择时，工艺流程方案选择的具体内容包括（   ）。
A. 研究是否符合节能和清洁的要求   B. 研究技术来源的可得性
C. 研究是否与采用的原材料相适应   D. 研究选择主要工艺参数

25. 已知某建设项目各项预测数据如下：应收账款1000万元，应付账款600万元，预付账款200万元，预收账款150万元，存货1500万元，库存现金100万元，在运营期的第三年达到预计的生产规模，若运营期第二年末累计投入的流动资金为1200万元，则第三年投入的流动资金为（　　）万元。

A. 1650　　　　　　　　　　B. 2850
C. 850　　　　　　　　　　　D. 2050

26. 在建筑设计影响工程造价的因素中，属于空间组合的是（　　）。

A. 柱网布置　　　　　　　　B. 室内外高差
C. 建筑结构　　　　　　　　D. 建筑物的体积与面积

27. 下列各项单位工程概算，适合用预算单价法编制的是（　　）。

A. 电气设备安装工程概算　　B. 给水排水工程概算
C. 弱电工程概算　　　　　　D. 电气、照明工程概算

28. 采用概算定额法编制建筑工程概算通常包括以下步骤：①确定各分部分项工程费；②编写概算编制说明；③按照概算定额子目，列出单位工程中分部分项工程项目名称并计算工程量；④计算措施项目费。则正确的排列顺序为（　　）。

A. ①②③④　　　　　　　　B. ③①④②
C. ①③②④　　　　　　　　D. ③①②④

29. 下列各项中属于施工图预算对投资方作用的是（　　）。

A. 是投标报价的基础　　　　B. 是建筑工程预算包干的依据
C. 控制造价及资金合理使用的依据　　D. 是控制工程成本的依据

30. 在公开招标过程中，当进行资格预审时，施工招标文件中可用来代替资格预审通过通知书的是（　　）。

A. 投标邀请书　　　　　　　B. 招标公告
C. 投标人须知　　　　　　　D. 投标文件格式

31. 根据《招标投标法实施条例》的规定，下列表述正确的是（　　）。

A. 招标人可以自行决定是否编制标底
B. 招标人设有最高投标限价的，应当在招标文件中明确最高投标限价
C. 招标人可以规定最低投标限价
D. 招标人编制标底的，则不得再编制最高投标限价

32. 以下各项中属于招标控制价编制依据的是（　　）。

A. 企业定额
B. 投标时拟定的施工组织设计
C. 市场价格信息或工程造价管理机构发布的工程造价信息
D. 招标工程量清单

33. 关于招标控制价招标可能出现的问题，以下表述中正确的是（　　）。

A. 可能影响招标效率
B. 可能失去招标的公平公正性
C. 可能导致对投标人的报价没有参考依据和评判标准

D. 容易与市场造价水平脱节

34. 在投标报价前期工作中，需要调查工程现场，下列各项中属于施工条件调查的是（ ）。
A. 各种构件的供应能力和价格　　B. 现场附近的生活设施
C. 现场的三通一平情况　　　　　D. 现场附近的治安情况

35. 在施工投标前期工作中需要研究招标文件，其中属于合同分析内容的是（ ）。
A. 资金来源　　　　　　　　　　B. 投标保证金
C. 计价方式　　　　　　　　　　D. 评标方法

36. 下列行为中，应被视为投标人相互串通投标的是（ ）。
A. 投标人之间约定中标人
B. 投标人之间协商投标报价等投标文件的实质性内容
C. 某投标人的项目管理成员曾在另一投标人单位任职的
D. 不同投标人委托同一单位或者个人办理投标事宜

37. 根据《建设工程造价咨询规范》GB/T 51095 的规定，清标的时间选择是（ ）。
A. 开标后且评标前　　　　　　　B. 与评标同时进行
C. 开标前　　　　　　　　　　　D. 选定中标候选人之后

38. 某项目招标采用经评审的最低投标价法评标，招标文件规定对同时投多个标段的评标修正率为5%，同时规定2号标段基准工期为30个月，投标文件中每提前工期1个月有50万元的评标优惠。现有投标人甲、乙都同时对1号、2号标段，投标人甲的报价依次为6000万元、5000万元，2号标段工期为28个月。投标人乙的报价依次为5800万元、5500万元，2号标段工期为27个月。若乙在1号标段已被确定为中标，则甲、乙在2号标段的评标价应分别为（ ）。
A. 4900 万元，5075 万元　　　　B. 4750 万元，5225 万元
C. 4650 万元，5350 万元　　　　D. 4900 万元，5082.5 万元

39. 与EPC总承包相比，交钥匙总承包提供的服务还包括（ ）。
A. 项目设计工作的综合服务　　　B. 项目采购工作的综合服务
C. 项目施工工作的综合服务　　　D. 项目运营准备工作的综合服务

40. 在工程总承包投标文件中，以下内容中属于承包人建议书的是（ ）。
A. 总体实施方案　　　　　　　　B. 项目实施要点
C. 项目管理要点　　　　　　　　D. 图纸

41. 为了合理划分发承包双方的合同风险，施工合同中应当约定一个基准日，对于实行招标的建设工程，一般以（ ）为基准日。
A. 以建设工程施工合同签订前的第28天
B. 以招标文件开始发放前的第28天
C. 以中标通知书发出前的第28天
D. 以投标截止时间前的第28天

42. 当工程变更引起分部分项工程项目发生变化时，若期望在合理范围内参照类似项

目的单价或总价调整，需满足的条件是（　　）。

A. 采用的材料、施工工艺和方法与清单中已有项目相同，且不增加关键线路上工程的施工时间

B. 采用的材料、施工工艺和方法与清单中已有项目相同，且增加关键线路上工程的施工时间

C. 采用的材料、施工工艺和方法与清单中已有项目基本相似，且不增加关键线路上工程的施工时间

D. 采用的材料、施工工艺和方法与清单中已有项目基本相似，且增加关键线路上工程的施工时间

43. 某分项工程招标工程量清单数量为2000m³，施工中由于设计变更调增为2600m³，该分项工程招标控制价综合单价为420元，投标报价为498元。若该项目承包人报价浮动率为10%，则该分项工程最终结算价格为（　　）元。

A. 1294800　　　　　　　　B. 1275810

C. 1271400　　　　　　　　D. 1290300

44. 采用价格指数调整价格差额，已知承包人应得到的已完成工程量的金额为1000万元，定值权重为30%，在可调部分中，人工、钢材、水泥、机具使用费分别占比20%、35%、30%、15%，各可调因子的基本价格指数和现行价格指数如下表所示，则需调整的价格差额为（　　）万元。

题44表

可调因子	人工	钢材	水泥	机具使用费
基本价格指数	100	103	105	106
现行价格指数	105	104	103	110

A. 313.34　　　　　　　　B. 9.34

C. 17.42　　　　　　　　　D. 324.88

45. 当发包人要求压缩的工期天数超过定额工期的20%时，应在招标文件中明示（　　）。

A. 赶工费用　　　　　　　B. 提前竣工奖励

C. 赶工补偿　　　　　　　D. 提前竣工奖励标准

46. 下列各项事件中，不属于人工费索赔内容的是（　　）。

A. 高温、高寒地区施工增加的人工费

B. 法定人工费增长

C. 非因承包人原因导致工程停工的人员窝工费和工资上涨费

D. 超过法定工作时间加班劳动

47. 如果发包人提出的工程变更，因非承包人原因删减了合同中的某项原定工作或工程，则承包人有权提出并得到（　　）。

A. 合理的费用及时间补偿　　　　B. 合理的费用补偿

C. 合理的时间及利润补偿　　　　D. 合理的费用及利润补偿

48. 关于工程计量的原则与范围，以下表述中正确的是（   ）。
    A. 工程计量的范围包括合同文件中规定的各种费用支付项目
    B. 承包人原因造成的超出合同范围施工或返工的工程量，发包人可以计量
    C. 工程变更所修订的工程量清单内容不属于工程计量的范围
    D. 采用工程量清单计价形成的总价合同，总价合同各项的工程量是承包人用于结算的最终工程量

49. 在进度款支付申请中，以下各项中属于本周期应扣减的金额的是（   ）。
    A. 本周期已完成单价项目的金额　　B. 本周期应支付的安全文明施工费
    C. 本周期已完成的计日工价款　　　D. 发包人提供的材料、工程设备金额

50. 有关预付款担保的规定，下列表述中正确的是（   ）。
    A. 预付款担保的担保金额通常是发包人预付款的10%
    B. 预付款担保的担保金额在预付款全部扣回之前一直保持不变
    C. 预付款担保是指承包人与发包人签订合同后领取预付款前，发包人为支付预付款提供的担保
    D. 预付款担保可采取抵押担保形式

51. 以下各项内容中不属于竣工结算款支付申请的是（   ）。
    A. 竣工结算合同价款总额　　　　B. 累计已实际支付的合同价款
    C. 本周期合计应扣减的金额　　　D. 实际应支付的竣工结算款金额

52. 对于质量有争议工程的竣工结算，下列表述中正确的是（   ）。
    A. 已竣工未验收且未实际投入使用的工程，其质量争议按工程保修合同执行，竣工结算按合同约定办理
    B. 已竣工未验收但实际投入使用的工程，其质量争议按工程保修合同执行，竣工结算按合同约定办理
    C. 已竣工未验收且未实际投入使用的工程，双方应就全部工程委托有资质的检测鉴定机构进行检测，根据检测结果确定解决方案
    D. 已竣工未验收但实际投入使用的工程，双方应就全部工程委托有资质的检测鉴定机构进行检测，根据检测结果确定解决方案

53. 根据最高人民法院《关于审理建设工程施工合同纠纷案件适用法律问题的解释》，会导致发包人请求解除建设工程施工合同的承包人情形是（   ）。
    A. 明确表示或者以行为表明不履行合同主要义务
    B. 未按约定支付工程价款
    C. 提供的主要建筑材料、建筑构配件和设备不符合强制性标准
    D. 不履行合同约定的协助义务

54. 鉴定人及其辅助人员应当自行提出回避的情形是（   ）。
    A. 与鉴定项目有利害关系
    B. 接受鉴定项目当事人、代理人吃请和礼物
    C. 索取、借用鉴定项目当事人、代理人款物
    D. 担任过鉴定项目咨询人

55. 根据《标准设计施工总承包招标文件》的规定，承包人收到监理人按合同约定发出的文件，经检查认为其中存在对"发包人要求"变更情形的，可向监理人提出（　　）。
　　A. 变更意向通知　　　　　　　　B. 变更实施方案
　　C. 书面变更建议　　　　　　　　D. 变更指示

56. 根据《FIDIC 施工合同条件》的规定，对于预付款扣减时间的表述正确的是（　　）。
　　A. 当期中支付证书的累计总额（不包括预付款及保留金的扣减与偿还）超过中标合同价（减去暂定金额）的10%时开始扣减
　　B. 当期中支付证书的累计总额（包括预付款及保留金的扣减与偿还）超过中标合同价（减去暂定金额）的10%时开始扣减
　　C. 当期中支付证书的累计总额（不包括预付款及保留金的扣减与偿还）超过中标合同价（包括暂定金额）的10%时开始扣减
　　D. 当期中支付证书的累计总额（包括预付款及保留金的扣减与偿还）超过中标合同价（包括暂定金额）的10%时开始扣减

57. 根据《标准设计施工总承包招标文件》的规定，承包人向发包人提交预付款保函的时间是（　　）。
　　A. 在收到预付款前　　　　　　　B. 在收到预付款后的规定时间内
　　C. 在合同签订后规定时间内　　　D. 在收到预付款的同时

58. 下列各项内容中，属于竣工财务决算说明书的是（　　）。
　　A. 项目建设资金使用、项目结余资金等分配情况
　　B. 转出投资明细表
　　C. 建设工程竣工图
　　D. 工程造价对比分析

59. 在对竣工决算的审核过程中，审核决算报表数据和表间勾稽关系，待摊投资支出情况等，属于（　　）。
　　A. 政策性审核　　　　　　　　　B. 评审结论审核
　　C. 意见分歧审核　　　　　　　　D. 技术性审核

60. 在各类无形资产中，自创或者外购方式取得均应计入无形资产价值的是（　　）。
　　A. 土地使用权　　　　　　　　　B. 商标权
　　C. 非专利技术　　　　　　　　　D. 专利权

二、多项选择题（共20题，每题2分。每题的备选项中，有2个或2个以上符合题意，至少有1个错项。错选，本题不得分；少选，所选的每个选项得0.5分）

61. 计算国产非标准设备原价时，常用的计算方法包括（　　）。
　　A. 系列设备插入估价法　　　　　B. 设备系数法
　　C. 分部组合估价法　　　　　　　D. 定额估价法
　　E. 平均成本法

62. 按照费用构成要素划分建筑安装工程费用项目，施工机具使用费中的仪器仪表使

用费通常包括（   ）。

　　A. 折旧费　　　　　　　　　　B. 摊销费

　　C. 维护费　　　　　　　　　　D. 安拆费

　　E. 动力费

63. 在有偿出让和转让土地时，地价应考虑的因素包括（   ）。

　　A. 社会经济承受力　　　　　　B. 土地市场供求关系

　　C. 契税　　　　　　　　　　　D. 所在区类

　　E. 容积率

64. 下列项目中，必须采用工程量清单计价的是（   ）。

　　A. 使用各级财政预算资金的项目

　　B. 使用国家政策性贷款的项目

　　C. 使用国有企事业单位贷款资金的项目

　　D. 国有资金不足50%但国有投资者实质上拥有控股权的工程建设项目

　　E. 非国有资金投资的项目

65. 关于分部分项工程项目清单中工程数量的计算，下列表述中正确的是（   ）。

　　A. 所有清单项目的工程量应考虑施工中的各种损耗需要增加的工程量

　　B. 工程量计算规则是指对清单项目工程量计算的规定

　　C. 当出现工程量计算规范附录中未包括的清单项目时，编制人应编制补充项目

　　D. 补充清单项目也应采用五级十二位的方式进行编码

　　E. 编制的补充项目应报省级或行业工程造价管理机构备案

66. 在机器的工作时间分类中，以下各项中属于与工艺过程特点有关的不可避免中断时间的是（   ）。

　　A. 工人进行准备与结束工作时机器停止工作

　　B. 工人进行辅助工作时机器停止工作

　　C. 汽车装货和卸货时的停车

　　D. 灰浆泵由一个工作地点转移到另一个工作地点

　　E. 工人休息时机器停止工作

67. 影响人工日工资单价的因素主要包括（   ）。

　　A. 劳动力市场的供需变化　　　B. 流通环节的多少

　　C. 政府推行的社会保障政策　　D. 国际市场行情

　　E. 生活消费指数

68. 计算预算定额中的机械台班消耗量时，机械台班幅度差的内容一般包括（   ）。

　　A. 低负荷下工作时间

　　B. 正常施工条件下，机械在施工中不可避免的工序间歇

　　C. 施工本身造成的停工时间

　　D. 临时停机、停电影响机械操作的时间

　　E. 机械维修引起的停歇时间

69. 工程计价信息的特点主要包括（   ）。

A. 区域性 B. 多样性
C. 可扩展性 D. 综合实用性
E. 动态性

70. 项目可行性研究阶段投资估算的主要作用是（   ）。
A. 项目投资决策的重要依据 B. 审批项目建议书的依据
C. 计算项目投资经济效果的重要条件 D. 编制项目规划的参考依据
E. 确定建设规模的参考依据

71. 除了工业项目及民用项目中影响工程造价的因素之外，影响工程造价的其他因素还包括（   ）。
A. 建筑结构的选择 B. 占地面积
C. 设计人员的知识水平 D. 风险因素
E. 设备选用

72. 采用三级预算编制形式的工程预算文件包括（   ）。
A. 主要材料汇总表 B. 编制说明
C. 总预算表 D. 综合预算表
E. 单位工程预算表

73. 有关施工招标文件包括的内容，以下表述中正确的是（   ）。
A. 评标办法可选择经评审的最低投标价法和综合评估法
B. 当未进行资格预审时，招标文件中应包括招标公告
C. 技术标准和要求不得要求某一特定的专利、商标、规格或名称
D. 如按照规定应编制招标控制价的项目，招标控制价应在评标时一并公布
E. 投标人须知中应规定重新招标和不再招标的条件

74. 关于投标文件编制时应遵循的规定，下列表述中正确的是（   ）。
A. 除招标文件另有规定外，投标函附录不得提出比招标文件要求更能吸引招标人的承诺
B. 投标文件应当对招标文件有关工期、投标有效期、质量要求、技术标准和要求、招标范围等实质性内容做出响应
C. 投标文件委托代理人签字的，投标文件中应附法定代表人签署的授权委托书
D. 投标文件只有一份正本
E. 招标人认为中标人的备选投标方案优于其按照招标文件要求编制的投标方案的，可以接受该备选投标方案

75. 下列各项中属于初步评审标准中形式评审标准内容的是（   ）。
A. 投标人名称与营业执照一致 B. 报价唯一
C. 投标文件格式符合要求 D. 具备有效的安全生产许可证
E. 资质等级符合规定

76. 根据《国际复兴开发银行贷款和国际开发协会信贷采购指南》规定，在国际竞争性招标过程中，下列有关资格定审的表述正确的是（   ）。
A. 资格定审的标准应在招标文件中明确规定，其内容可与资格预审的标准不同

B. 如果在投标前未进行过资格预审，在应在评标时对全体投标人进行资格定审

C. 资格定审是对投标人是否有能力承包工程先期进行审查，以便缩小投标人的范围

D. 若相距时间过长，即使已经过资格预审，正式投标时需再进行资格定审

E. 如果未经资格预审，则应对评标价最低的投标人进行资格定审

77. 发承包双方按照合同约定调整合同价款的若干事项可以分为五大类，其中属于工程变更类的是（　　）。

A. 项目特征不符　　　　　　B. 暂估价

C. 提前竣工　　　　　　　　D. 工程量偏差

E. 计日工

78. 下列事项中，承包方要求的利润索赔成立的是（　　）。

A. 建设单位未及时供应施工图纸

B. 施工单位施工机械损坏

C. 因发包人原因造成承包人人员工伤事故

D. 工程暂停后因发包人原因无法按时复工

E. 异常恶劣的气候条件

79. 有关工程计量的概念及原则，下列表述中正确的是（　　）。

A. 不符合合同文件要求的工程不予计量

B. 工程计量的方法、范围、内容和单位受合同文件所约束

C. 招标工程量清单缺项或项目特征描述不符，应按照工程量清单的特征予以计量

D. 工程计量是指对承包人已经完成的质量合格的工程施工数量进行测量与计算

E. 因承包人原因造成的超出合同工程范围施工或返工的工程量，发包人不予计量

80. 在基本建设项目概况表中，构成建设项目建设成本的是（　　）。

A. 建筑安装工程投资支出　　　B. 待核销投资支出

C. 设备工器具投资支出　　　　D. 待摊投资支出

E. 其他投资支出

模拟题二

一、单项选择题（共60题，每题1分。每题的备选项中，只有一个最符合题意）

1. 根据世界银行工程项目的总建设成本的规定，下列各项中属于直接建设成本的是（ ）。
   A. 项目管理费   B. 土地征购费
   C. 开工试车费   D. 国内运输费

2. 在国产非标准设备的原价的计算过程中，可以作为利润计算基数的是（ ）。
   A. 外购配套件费   B. 增值税
   C. 包装费   D. 非标准设备设计费

3. 按照费用构成要素划分，以下费用中应列入建筑安装工程费中的材料费的是（ ）。
   A. 工业、交通等项目中的工艺设备购置费
   B. 工业、交通等项目中的建筑设备购置费
   C. 单一的房屋建筑工程项目的建筑设备购置费
   D. 单一的房屋建筑工程项目的工艺设备购置费

4. 在规费的计算过程中，通常社会保险费和住房公积金的计算基础为（ ）。
   A. 定额人工费
   B. 定额人工费+定额施工机具使用费
   C. 定额直接费
   D. 根据工程所在地行业建设主管部门的规定执行

5. 垂直运输费的计算方法通常是（ ）。
   A. 按照施工工期日历天数以昼夜为单位计算
   B. 按照施工工期日历天数以天为单位计算
   C. 按照施工工期日历天数以平方米为单位计算
   D. 按照建筑面积以天为单位计算

6. 已知某建设项目设备、工器具购置费为5000万元，建筑安装工程费为3000万元，土地使用权出让金8000万元，征地补偿费2500万元，建设单位管理费为3%，则该建设项目建设单位管理费为（ ）万元。
   A. 240   B. 150
   C. 480   D. 555

7. 在计算联合试运转费时，下列各项中应计入试运转支出的是（ ）。
   A. 试运转期间的产品销售收入
   B. 试运转暴露出来的因施工原因缺陷发生的处理费用

C. 试运转暴露出来的因设备缺陷发生的处理费用
D. 施工单位参加试运转人员工资

8. 已知某建设项目设备购置费为2000万元，建筑安装工程费为800万元，工程建设其他费用为1500万元，基本预备费率为15%，则该建设项目基本预备费为（　　）万元。

A. 300　　　　　　　　　　B. 420
C. 645　　　　　　　　　　D. 120

9. 某新建项目，建设期为3年，分年均衡进行贷款，第一年贷款300万元，第二年贷款600万元，第三年贷款400万元，年利率12%，建设期内利息只计息不支付，则建设期利息为（　　）万元。

A. 18　　　　　　　　　　B. 143.06
C. 235.22　　　　　　　　D. 74.16

10. 在工程造价的计价过程中，确定单位工程基本构造单元属于（　　）的工作内容。

A. 工程量的计算　　　　　B. 工程项目的划分
C. 工程单价的确定　　　　D. 总价的计算

11. 下列各项中属于工程造价管理体系但不属于工程计价依据体系的是（　　）。

A. 工程造价管理的相关法律法规　　B. 工程造价管理标准体系
C. 工程计价定额体系　　　　　　　D. 工程计价信息体系

12. 根据清单项目编码规则，某清单项目编码为020305002003，则其分项工程项目名称顺序码是（　　）。

A. 03　　　　　　　　　　B. 002
C. 05　　　　　　　　　　D. 003

13. 在下列措施项目中，宜采用分部分项工程项目清单方式编制的是（　　）。

A. 二次搬运　　　　　　　B. 大型机械设备进出场及安拆
C. 冬雨季施工　　　　　　D. 夜间施工

14. 在施工过程的影响因素中，下列各项中属于技术因素的是（　　）。

A. 工人的技术水平　　　　B. 所用材料的规格和性能
C. 施工组织和施工方法　　D. 工资分配方式

15. 在确定测时法的观察次数时，主要考虑的因素是（　　）。

A. 要求的算术平均值的精确度和数列的稳定系数
B. 要求的算术平均值的精确度和被测定的工人人数
C. 已经达到的功效水平的稳定程度和数列的稳定系数
D. 所测施工过程的广泛性和经济价值

16. 根据人工日工资单价的组成，下列各项中属于津贴补贴的是（　　）。

A. 增收节支支付给个人的劳动报酬
B. 定期休假时按计时工资标准的一定比例支付的工资
C. 保证职工工资水平不受物价影响支付给个人的物价补贴

D. 执行国家或社会义务按计件工资标准的一定比例支付的工资

17. 对于材料单价的计算，下列表述中正确的是（   ）。

A. 当材料供货方是小规模纳税人时，购货方购买价格中包含的增值税是不能扣除的

B. 对于进口材料，材料原价是指抵达买方边境、港口或车站并交纳完各种手续费、税费后形成的价格

C. 当同种材料有几种原价时，应根据不同供应地点的需要量为权重计算加权平均综合单价

D. 材料运杂费中包含装卸费、运输费和运输损耗等

18. 预算定额编制时需要遵循简明适用原则，其中合理确定预算定额的计算单位是指（   ）。

A. 主要的、常用的、价值量大的项目，分项工程划分要细

B. 次要的、不常用的、价值量相对较小的项目，分项工程划分粗一些

C. 尽可能地避免同一种材料用不同的计量单位和一量多用

D. 预算定额要项目齐全

19. 下列关于概算定额的表述，正确的是（   ）。

A. 概算定额是确定完成合格的单位工程所需消耗的人材机数量标准及其费用标准

B. 概算定额是概算指标的综合扩大

C. 使用概算定额进行概算工程量计算和概算表的编制，比用预算定额编制施工图预算简化一些

D. 概算定额应该贯彻平均先进水平的原则

20. 有关工程造价指数的概念，下列表述正确的是（   ）。

A. 工程造价指数可用以剔除价格水平变化对造价的影响

B. 工程造价指数是工程承发包双方进行工程估价的依据，但通常不用作结算依据

C. 可以利用工程造价指数分析数量变动趋势及其原因

D. 可以利用工程造价指数反映宏观经济变化对工程造价的影响

21. 将建设工程造价指标分为工程经济指标、工程量指标、工料价格指标和消耗量指标是按照（   ）进行分类。

A. 工程构成 　　　　　　　B. 权重

C. 用途 　　　　　　　　　D. 测算方法

22. 在建设地点的选择时需要进行费用分析，以下各项费用中属于项目投产后生产经营费用的是（   ）。

A. 拆迁补偿费 　　　　　　B. 污水处理费用

C. 运输设施费 　　　　　　D. 生活设施费

23. 有关投资估算作用，下列表述中正确的是（   ）。

A. 项目建议书阶段投资估算是项目投资决策的重要依据

B. 可行性研究阶段的投资估算是编制项目规划、确定建设规模的参考依据

C. 投资估算是建设工程设计招标的重要依据

D. 投资估算是控制标底（招标控制价）的主要依据

24. 某地2019年拟建一年产50万t化工产品的项目。已知该地区2014年建设的年产30万t相同产品的已建项目的投资额为3亿元。若生产能力指数为0.8，在此期间工程造价年均递增6%，则该项目的静态投资额为（　　）亿元。
   A. 5.699　　　　　　　　　　　　B. 6.404
   C. 6.041　　　　　　　　　　　　D. 6.691

25. 编制建设投资估算表时，若按照形成资产法分类，预备费通常应（　　）。
   A. 归入固定资产费用　　　　　　B. 归入无形资产费用
   C. 归入其他资产费用　　　　　　D. 单独列项

26. 在影响工业建设项目工程造价的主要因素中，属于总平面设计中影响工程造价因素的是（　　）。
   A. 流通空间　　　　　　　　　　B. 建设规模
   C. 功能分区　　　　　　　　　　D. 原材料、燃料供应情况

27. 下列关于建筑周长系数的表述中，正确的是（　　）。
   A. 建筑周长系数为建筑面积与建筑物周长比
   B. 建筑物平面形状的设计应在降低建筑周长系数的前提下，尽可能满足建筑物的使用功能
   C. 圆形建筑的建筑工程造价是最低的
   D. 通常情况下建筑周长系数越低，设计方案越经济

28. 当采用类似工程预算法编制建筑工程概算时，需要利用调差公式 $D = A \cdot K$ 进行价差调整，公式中的 A 和 D 通常可以是（　　）。
   A. 成本单价或综合单价　　　　　B. 成本单价或全费用综合单价
   C. 工料单价或综合单价　　　　　D. 工料单价或成本单价

29. 在用工料单价法编制施工图预算时，编制工料分析表的结果通常可以获得（　　）。
   A. 单项工程人工、材料的消耗数量
   B. 单位工程人工、材料的消耗数量
   C. 单位工程人工、材料、机具的消耗数量
   D. 单项工程人工、材料、机具的消耗数量

30. 在施工招标文件的各项内容中，下列各项中属于投标人须知的是（　　）。
   A. 招标文件的获取　　　　　　　B. 要求投标人提交的履约担保
   C. 投标文件编制所应依据的参考格式　D. 规定的各项技术标准

31. 与设标底招标以及采用招标控制价招标比较，无标底招标的主要缺陷是（　　）。
   A. 容易失去招标的公平公正性　　B. 不利于引导投标人理性竞争
   C. 容易出现围标串标现象　　　　D. 容易影响招标效率，不得不进行二次招标

32. 编制招标控制价过程中，综合单价中应考虑合理的风险费用，以下表述正确的是（　　）。
   A. 招标控制价与投标报价所包含的内容一致
   B. 综合单价中应包括招标人所承担的风险内容及其范围产生的风险费用

C. 人工单价的风险费用应纳入综合单价

D. 税金变化的风险应纳入综合单价

33. 按照《招标投标法实施条例》的规定，以下表述中正确的是（   ）。

A. 招标人必须编制标底

B. 一个招标项目可以针对潜在投标人的不同制定不同的标底

C. 招标人可以规定最低投标限价

D. 招标人设有最高投标限价的，可以在招标文件中明确最高投标限价的计算方法

34. 在投标报价前期工作中，需要调查工程现场，下列各项中属于其他条件调查的是（   ）。

A. 工程现场通信线路的连接和铺设　　B. 当地煤气的供应能力

C. 现场的三通一平情况　　D. 商品混凝土的供应能力和价格

35. 根据《招标投标法实施条例》的规定，下列关于最高投标限价的表述中错误的是（   ）。

A. 招标人可以自行决定是否编制标底

B. 一个招标项目只能有一个标底

C. 招标人设有最高投标限价的，应当在招标文件中明确最高投标限价或者其计算方法

D. 招标人可以规定最低投标限价

36. 下列行为中，应属于（而非视为）投标人相互串通投标的是（   ）。

A. 不同投标人的投标文件相互混装

B. 投标人之间协商投标报价等投标文件的实质性内容

C. 某投标人的项目管理成员曾在另一投标人单位任职的

D. 不同投标人委托同一单位或者个人办理投标事宜

37. 根据《建设工程造价咨询规范》GB/T 51095 的规定，下列各项中属于清标工作内容的是（   ）。

A. 投标文件格式符合要求　　B. 报价唯一

C. 暂列金额、暂估价正确性分析　　D. 联合体是否提交联合体协议书

38. 以下各项内容中属于综合评估比较表但不属于价格比较一览表的是（   ）。

A. 投标人的投标报价　　B. 对技术偏差的调整

C. 对商务偏差的调整　　D. 已评审的最终投标价

39. 以下各项中属于阶段性总承包方式的是（   ）。

A. EPC 总承包　　B. 交钥匙总承包

C. 项目管理总承包　　D. 设计—施工总承包

40.《标准设计施工总承包招标文件》中提供的（A）（B）条款较多，其中"发包人要求中的错误"的（A）条款适用于（   ）的约定。

A. 发包人承担错误责任　　B. 承包人承担错误责任

C. 发包人与承包人共同分担错误责任　　D. 承担错误的方式由当事人协商

41. 由于承包人的原因导致的工期延误，在工程延误期间国家的法律、行政法规和相

关政策发生变化引起工程造价变化的，采取的调整合同价款原则为（　　）。

A. 按不利于承包人的原则调整合同价款

B. 合同价款均应予以调整

C. 合同价款均不予以调整

D. 造成合同价款增加的，合同价款应予调整；造成合同价款减少的，合同价款不予调整

42. 已知某建设项目采用招标方式选择承包人，已知该项目招标控制价为6000万元，承包人中标价为5700万元，在招标控制价和中标价中同时包括安全文明施工费100万元，暂列金额300万元，暂估价500万元。则该项目承包人报价浮动率为（　　）。

A. 5.08%　　　　　　　　　　B. 5.00%

C. 5.36%　　　　　　　　　　D. 5.45%

43. 在工程变更引起的措施项目费调整中，若承包人未事先将拟实施的方案提交给发包人确认，则视为（　　）。

A. 按常规施工方案所引起的措施项目调整

B. 相应的措施项目费调整已经成立

C. 计算时无需考虑承包人报价浮动率

D. 承包人放弃调整措施项目费的权利

44. 下列各类工程中适合采用造价信息调整价格差额的是（　　）。

A. 土木工程　　　　　　　　　B. 公路工程

C. 装饰工程　　　　　　　　　D. 水坝工程

45. 一般来说，承发包双方应当在合同中约定提前竣工奖励的最高限额，通常是（　　）。

A. 合同价款的2%　　　　　　　B. 合同价款的3%

C. 合同价款的5%　　　　　　　D. 合同价款的10%

46. 某建设项目业主与甲施工单位签订了施工合同，合同中保函手续费为40万元，合同工期为500天。合同履行过程中，设计单位迟延提供图纸50天，因施工中遇到不利物质条件停工20天，因异常恶劣的气候条件停工15天，因季节性大雨停工5天，上述事件均未发生在同一时间，则甲施工单位可索赔的保函手续费为（　　）万元。

A. 7.2　　　　　　　　　　　　B. 6.8

C. 8　　　　　　　　　　　　　D. 5.6

47. 有关工程变更类合同价款调整事项的规定，下列表述中正确的是（　　）。

A. 项目特征不符是指设计变更后的图纸与招标工程量清单任一项目的特征描述不符

B. 新增分部分项工程项目清单项目后，引起措施项目发生变化的，承包人可以申请调整合同价款

C. 若施工合同中没有约定工程量偏差引起的综合单价调整原则，则综合单价不做调整

D. 计日工属于其他类合同价款调整事项

48. 采用经审定批准的施工图纸及其预算方式发包形成的总价合同，除按照工程变更

规定引起的工程量增减外,承包人用于结算的最终工程量应是( )。
A. 发承包双方实际确认的工程量 B. 总价合同各项目的工程量
C. 工程量清单中约定的工程量   D. 施工过程中实际签认的工程量

49. 在进度款支付申请中,以下各项中属于本周期合计完成的合同价款的是( )。
A. 本周期已完成单价项目的金额 B. 本周期应扣回的预付款
C. 累计已完成的合同价款   D. 累计已实际支付的合同价款

50. 发包人应在工程开工后的 28 天内预付不低于当年施工进度计划的安全文明施工费总额的( )。
A. 60%   B. 70%
C. 80%   D. 90%

51. 缺陷责任期的起算日期必须以( )为准。
A. 工程通过竣工验收之日起计
B. 发包人签发工程接收证书的日期
C. 发包人签发缺陷责任期终止证书的日期
D. 质量保证金的缴纳日期

52. 承包人向发包人提交的竣工结算款支付申请中,包括的内容有( )。
A. 应扣回的工程预付款   B. 应扣回的甲供材料金额
C. 应扣回的安全文明施工费预付款 D. 应扣留的质量保证金

53. 根据最高人民法院《关于审理建设工程施工合同纠纷案件适用法律问题的解释》,会导致承包人请求解除建设工程施工合同的发包人情形是( )。
A. 明确表示或者以行为表明不履行合同主要义务
B. 未按约定支付工程价款
C. 已经完成的建设工程质量不合格,并拒绝修复的
D. 将承包的建设工程非法转包、违法分包的

54. 对于鉴定人及其辅助人员的配备,应达到的要求是( )。
A. 鉴定人和辅助人员必须具有相应专业的注册造价工程师执业资格
B. 鉴定机构可成立由 1 名鉴定人和若干辅助人员组成的鉴定项目组
C. 鉴定项目组的成员必须具有相应专业的注册造价工程师执业资格
D. 鉴定人必须具有相应专业的注册造价工程师执业资格

55. 根据《标准设计施工总承包招标文件》的规定,针对"发包人要求"改变的变更,经发包人同意,监理人可向承包分发出( )。
A. 变更实施方案   B. 变更意向书
C. 书面变更建议   D. 变更指示

56. 根据《FIDIC 施工合同条件》的规定,针对工程材料和设备款的预支,工程师确认用于永久工程的材料和设备符合预支条件后,应当根据审查承包商提交的相关文件确定此类材料和设备的实际费用,其中支付证书中应增加的款额为该费用的( )。
A. 60%   B. 70%
C. 80%   D. 90%

57. 根据《标准设计施工总承包招标文件》的规定，下列各项中不属于预付款用途的是（　　）。
    A. 承包人进行合同工程设计　　　　B. 承包人进行合同工程管理
    C. 承包人为工程实施购置材料　　　D. 承包人为工程实施购置施工设备

58. 凡在施工过程中，结构形式改变、施工工艺改变、平面布置改变、项目改变以及有其他重大改变，不宜再在原施工图上修改、补充时，应重新绘制改变后的竣工图，由（　　）负责在新图上加盖"竣工图"标志。
    A. 发包人　　　　　　　　　　　　B. 设计单位
    C. 责任人　　　　　　　　　　　　D. 承包人

59. 在对竣工决算的审核过程中，审核资金来源、到位及使用管理情况，概算执行情况等，属于（　　）。
    A. 政策性审核　　　　　　　　　　B. 评审结论审核
    C. 意见分歧审核　　　　　　　　　D. 技术性审核

60. 应计入不需安装设备固定资产价值的内容包括（　　）。
    A. 建设单位管理费　　　　　　　　B. 地质勘察费
    C. 建筑工程设计费　　　　　　　　D. 采购成本

二、多项选择题（共20题，每题2分。每题的备选项中，有2个或2个以上符合题意，至少有1个错项。错选，本题不得分；少选，所选的每个选项得0.5分）

61. 当计算进口设备从属费时，下列各组费用计算基数相同的是（　　）。
    A. 银行财务费和外贸手续费　　　　B. 外贸手续费和关税
    C. 关税和消费税　　　　　　　　　D. 消费税和增值税
    E. 增值税和车辆购置税

62. 以下各项内容中属于规费的是（　　）。
    A. 生育保险　　　　　　　　　　　B. 劳动保险
    C. 工伤保险　　　　　　　　　　　D. 医疗保险
    E. 劳动保护

63. 下列各项中属于建设期计列的生产经营费的是（　　）。
    A. 特殊设备安全监督检验费　　　　B. 联合试运转费
    C. 市政公用配套设施费　　　　　　D. 专利及专有技术使用费
    E. 生产准备费

64. 在招标工程量清单编制过程中，需要由招标人提供金额的是（　　）。
    A. 暂列金额　　　　　　　　　　　B. 计日工
    C. 暂估价　　　　　　　　　　　　D. 单价措施项目
    E. 总价措施项目

65. 投标编制计日工表时，应由投标人负责填写的是（　　）。
    A. 项目名称　　　　　　　　　　　B. 暂定数量
    C. 实际数量　　　　　　　　　　　D. 综合单价
    E. 合价（暂定）

66. 下列各项中属于施工过程影响因素中技术因素的是（　　）。
   A. 工人技术水平　　　　　　　　B. 构配件的类别
   C. 施工组织与施工方法　　　　　D. 所用机械设备的类别
   E. 构配件的规格型号

67. 在计算人工日工资单价时需要计算年平均每月法定工作日，下列各项中属于法定假日的是（　　）。
   A. 双休日　　　　　　　　　　　B. 定期休假
   C. 法定节日　　　　　　　　　　D. 病假
   E. 探亲假

68. 以下各项中属于单项工程投资估算指标内容的是（　　）。
   A. 工程建设其他费用　　　　　　B. 预备费
   C. 建筑工程费　　　　　　　　　D. 安装工程费
   E. 设备、工器具及生产家具购置费

69. 下列各项中属于BIM在决策阶段应用内容的是（　　）。
   A. 进行设计方案优选
   B. 根据不同项目方案建立初步的建筑信息模型
   C. 设计模型的多专业一致性检查
   D. 将模型与财务分析工具集成，实时获取各项目方案的投资收益指标信息
   E. 施工图预算的编制管理和审核

70. 关于项目决策与工程造价的关系，以下表述中正确的是（　　）。
   A. 工程造价合理性是项目决策正确性的前提
   B. 项目决策的内容是决定工程造价的基础
   C. 项目决策的深度影响投资估算的精确度
   D. 工程造价的数额影响项目决策的结果
   E. 正确的项目投资决策来源于正确的项目投资行动

71. 关于建筑设计中柱网布置的选择原则，下列表述中正确的是（　　）。
   A. 对于单跨厂房，当跨度不变时，中跨数目越多越经济
   B. 对于多跨厂房，当柱间距不变时，跨度越大单位面积造价越低
   C. 对于单跨厂房，当柱间距不变时，跨度越大单位面积造价越低
   D. 对于多跨厂房，当跨度不变时，中跨数目越多越经济
   E. 柱网的选择与厂房中吊车的类型及吨位有关

72. 下列各项中属于施工图预算对投资方作用的是（　　）。
   A. 进行"两算"对比的依据　　　　B. 安排调配施工力量、组织材料供应的依据
   C. 拨付工程进度款的基础　　　　D. 控制造价及资金合理使用的依据
   E. 办理工程结算的基础

73. 在招标工程量清单编制的准备工作中需进行现场踏勘，以下各项中属于施工条件的是（　　）。
   A. 地质构造及特征、承载能力　　B. 工程现场通信线路的连接和铺设

C. 市政给排水管线位置、管径、压力　　D. 工程现场临近建筑物与招标工程的间距

E. 气象、水文情况

74. 关于投标文件编制时应遵循的规定，下列表述中正确的是（　　）。

A. 除招标文件另有规定外，投标函附录不得提出比招标文件要求更能吸引招标人的承诺

B. 投标文件应当对招标文件有关工期、投标有效期、质量要求、技术标准和要求、招标范围等实质性内容做出响应

C. 投标文件委托代理人签字的，投标文件中应附法定代表人签署的授权委托书

D. 投标文件只有一份正本

E. 招标人认为中标人的备选投标方案优于其按照招标文件要求编制的投标方案的，可以接受该备选投标方案

75. 经初步评审后，否决投标的情况包括（　　）。

A. 投标联合体没有提交共同投标协议

B. 投标报价低于成本或者高于招标文件设定的最高投标限价

C. 在招标文件要求提交投标文件的截止时间后送达的投标文件

D. 投标文件未经投标单位盖章和单位负责人签字

E. 投标文件未送达指定地点

76. 根据《国际复兴开发银行贷款和国际开发协会信贷采购指南》规定，在国际竞争性招标过程中，下列有关评标的表述正确的是（　　）。

A. 资格定审的标准应在招标文件中明确规定，其内容可与资格预审的标准不同

B. 如果在投标前未进行过资格预审，应在评标时对全体投标人进行资格定审

C. 若对评标价最低的投标人进行资格定审发现不符合要求，则应宣布招标失败，重新招标

D. 评标考虑的因素中，不应把属于资格审查的内容包括进去

E. 评标主要有审标、评标、资格定审三个步骤

77. 对于工程变更价款的调整方法，下列表述中正确的是（　　）。

A. 已标价工程量清单中有适用于变更工程项目的，且工程变更导致的该清单项目的工程数量变化不足10%时，采用该项目的单价

B. 采用单价计算的措施项目费，按照实际发生变化的措施项目按分部分项工程费的调整方法确定单价

C. 若因非承包人原因删减了合同中的某项原定工作或工程，则承包人有可能获得合理费用及利润补偿

D. 按总价计算的措施项目费，按照实际发生变化的措施项目调整，但应考虑承包人报价浮动因素

E. 当无适用及类似于变更项目且信息价格缺价时，应根据变更工程资料、计量规则和计价办法、市场价格和承包人报价浮动率确认变更项目的单价或总价

78. 采用造价信息调整价格差额，主要适用于以下哪类工程项目（　　）。

A. 公路工程　　　　　　　　　　　B. 房屋建筑工程

C. 水坝工程 D. 装饰工程
E. 铁路工程

79. 关于工程竣工结算的编制依据及计价原则，下列表述中正确的是（　　）。

A. 竣工图是竣工结算编制的重要依据

B. 工程竣工结算分为单位工程竣工结算、单项工程竣工结算和建设项目竣工总结算

C. 暂列金额应减去工程价款调整金额计算，如有余额归承包人所有

D. 计日工应按发包人实际签证确认的事项计算

E. 发承包双方在合同工程实施过程中已经确认的工程计量结果和合同价款，在竣工结算办理中应由双方重新确认后进入结算

80. 在新增资产固定资产价值的确定过程中，建设单位管理通常按照下列（　　）总额按比例计算。

A. 建筑工程 B. 安装工程
C. 需安装设备价值总额 D. 不需安装设备价值总额
E. 设备购置费总额

模拟题三

一、单项选择题（共60题，每题1分。每题的备选项中，只有一个最符合题意）

1. 与未明确项目准备金相比，不可预见准备金的主要特点在于（　　）。
   A. 补偿直至工程结束时的价格增长　　B. 支付几乎可以肯定要发生的费用
   C. 用以应付天灾、非正常经济情况　　D. 支付在估算是不可能明确的潜在项目

2. 下列有关设备原价的表述，正确的是（　　）。
   A. 国产设备原价一般指的是设备制造厂的交货价或订货合同价的加权平均价格
   B. 进口设备的原价是指进口设备的离岸价
   C. 由于增值税的进项税额可以抵扣，因此设备原价中应不包括增值税
   D. 设备原价通常包含备品备件费在内

3. 根据《建筑安装工程费用项目组成》（建标〔2013〕44号）的规定，在按费用构成要素划分和按造价形成划分这两种划分方法中都有单独列项的是（　　）。
   A. 规费　　B. 企业管理费
   C. 材料费　　D. 人工费

4. 关于建筑安装工程费中税金的计算，下列表述中正确的是（　　）。
   A. 当采用简易计税时，税前造价中的各费用项目均以不包含增值税可抵扣进项税额的价格计算
   B. 一般纳税人为建筑工程老项目提供的建筑服务，可以选择适用一般计税方法计税
   C. 一般纳税人以清包工方式提供的建筑服务，应选择适用简易计税方法计税
   D. 甲供工程，要求全部设备、材料由工程发包方自行采购

5. 在工程施工过程中，对已建成的地上、地下设施和建筑物进行的遮盖、封闭、隔离等必要保护措施所发生的费用属于（　　）。
   A. 安全文明施工费
   B. 地上、地下设施和建筑物的临时保护设施费
   C. 已完工程及设备保护费
   D. 应予计量的措施项目费

6. 在工程建设其他费用中，属于用地及工程准备费的是（　　）。
   A. 可行性研究费　　B. 建设单位临时设施费
   C. 设计审查费　　D. 勘察设计费

7. 以下各项中不包括在工程建设其他费用中税费的是（　　）。
   A. 增值税　　B. 印花税
   C. 耕地占用税　　D. 车船使用税

8. 已知某建设项目设备购置费为5000万元，建筑安装工程费3000万元，工程建设其

他费用1000万元,已知基本预备费率为10%,项目建设前期年限为2年,建设期为4年,各年投资计划额为:第一年完成投资20%,第二年完成30%,第三年完成35%,第四年15%。已知年均投资价格上涨率为5%,则该建设项目建设期第三年的价差预备费为(　　)万元。

A. 256.86　　　　　　　　　　　B. 457.08
C. 553.05　　　　　　　　　　　D. 850.74

9. 某新建项目,建设期为2年,分年均衡进行贷款,第一年贷款500万元,第二年贷款800万元,年利率为10%,建设期内利息只计息不支付,则第二年的建设期利息为(　　)万元。

A. 145　　　　　　　　　　　　B. 130
C. 80　　　　　　　　　　　　　D. 92.5

10. 工程造价计价的主要思路就是将建设项目细分至最基本的构造单元,将单位工程分解为分部工程,通常是按照(　　)分解的。

A. 施工方法、材料、工序及路段长度　　B. 结构部位、路段长度和施工特点
C. 结构部位、工序和路段长度　　　　　D. 施工方法、材料和施工特点

11. 在工程定额体系中,完成单位合格扩大分项工程或扩大结构构件所需消耗的人工、材料和施工机械台班的数量及其费用标准是(　　)。

A. 施工定额　　　　　　　　　　B. 预算定额
C. 概算定额　　　　　　　　　　D. 概算指标

12. 当编制分部分项工程和单价措施项目清单与计价表时,为了计取规费等的需要,可在表中增设的项目是(　　)。

A. 定额直接费　　　　　　　　　B. 定额人工费
C. 暂估价　　　　　　　　　　　D. 定额人工费与施工机具使用费之和

13. 在以下各项中,需要由招标人在工程量清单中提供金额的是(　　)。

A. 总承包服务费　　　　　　　　B. 社会保险费
C. 暂列金额　　　　　　　　　　D. 计日工

14. 在工人工作时间消耗的分类中,为完成一定合格产品所消耗的时间是(　　)。

A. 有效工作时间　　　　　　　　B. 基本工作时间
C. 辅助工作时间　　　　　　　　D. 必须消耗的时间

15. 以下各类时间中通常不能用测时法测定的是(　　)。

A. 改变材料外形的时间　　　　　B. 不可避免中断时间
C. 改变材料结构与性质的时间　　D. 休息时间

16. 计算人工日工资单价时需要确定年平均每月法定工作日,计算公式正确的是(　　)。

A. 年平均每月法定工作日=(全年日历日-法定节日)/12
B. 年平均每月法定工作日=(全年日历日-法定双休日)/12
C. 年平均每月法定工作日=(全年日历日-法定假日)/12
D. 年平均每月法定工作日=全年日历日/12

17. 某建设项目从两个不同的地点采购材料（适用13%增值税率），其供应量及有关费用如下表所示（表中原价、运杂费均为含税价格，且地点一供料采用"一票制"支付方式，地点二供料采用"两票制"支付方式），则该材料的单价为（　　）元/t。

题17表

供应点	采购量（t）	原价（元/t）	运杂费（元/t）	运输损耗率（%）	采购及保管费费率（%）
地点一	300	240	20	0.5	3.5
地点二	200	250	15	0.4	

A. 241.08　　　　　　　　　　　B. 272.42
C. 241.28　　　　　　　　　　　D. 241.68

18. 在预算定额人工工日消耗量计算时，按劳动定额规定应增（减）计算的用工量属于（　　）。

A. 超运距用工　　　　　　　　　B. 基本用工
C. 辅助用工　　　　　　　　　　D. 人工幅度差

19. 在概算指标的列表形式中，对采暖工程应列出采暖热媒及采暖方式，这属于（　　）部分的内容。

A. 工程特征　　　　　　　　　　B. 示意图
C. 经济指标　　　　　　　　　　D. 构造内容及工程量指标

20. 不少建筑材料本身的价值或生产价格并不高，但所需要的运输费用却很高，这体现了工程计价信息的（　　）特点。

A. 多样性　　　　　　　　　　　B. 专业性
C. 区域性　　　　　　　　　　　D. 动态性

21. 在用数据统计法编制工程造价指标时，通常用消耗量作为权重进行加权平均计算的是（　　）。

A. 建设工程经济指标　　　　　　B. 工程量指标
C. 工料价格指标　　　　　　　　D. 工料消耗量指标

22. 在项目决策阶段影响工程造价的因素中，下列各项中属于影响建设规模的技术因素的是（　　）。

A. 资源技术和环境治理技术　　　B. 资源技术和生产技术
C. 环境治理技术和管理技术　　　D. 生产技术和管理技术

23. 在决策阶段影响工程造价的主要因素中，决定项目建设规模的环境因素包括（　　）。

A. 燃料动力供应　　　　　　　　B. 原材料供应
C. 资金供应　　　　　　　　　　D. 劳动力供应

24. 在可行性研究阶段投资估算时，对于建筑工程费用估算，通常不能用延长米作为单位，进行投资估算的是（　　）。

A. 构筑物　　　　　　　　　　　B. 矿山井巷开拓
C. 坝体堆砌　　　　　　　　　　D. 工业与民用建筑物

25. 在进行投资估算文件编制时，项目建议书阶段必须编制的文件是（　　）。
   A. 总投资估算表　　　　　　　　B. 单项工程投资估算汇总表
   C. 建设投资估算表　　　　　　　D. 流动资金估算表

26. 在影响工业建设项目工程造价的主要因素中，下列各项中属于总平面设计的是（　　）。
   A. 层数　　　　　　　　　　　　B. 公用设施的配套
   C. 室内外高差　　　　　　　　　D. 建筑结构

27. 在设计概算中，作为项目筹措、供应和控制资金使用限额的是（　　）。
   A. 单项工程费　　　　　　　　　B. 建设投资
   C. 动态投资　　　　　　　　　　D. 静态投资

28. 对于价格波动不大的定型产品和通用设备产品，适合采用的安装工程概算编制方法是（　　）。
   A. 预算单价法　　　　　　　　　B. 设备价值百分比法
   C. 扩大单价法　　　　　　　　　D. 综合吨位指标法

29. 在用实物量法编制施工图预算时，套用消耗量定额最终计算汇总得到（　　）的各类人工、材料、施工机具台班数量。
   A. 单位工程　　　　　　　　　　B. 单项工程
   C. 分部工程　　　　　　　　　　D. 分项工程

30. 有关投标人须知前附表的编制，以下表述中正确的是（　　）。
   A. 投标人须知前附表由评标委员会根据招标项目具体特点和实际需要编制和填写
   B. 投标人须知前附表与投标人须知正文内容不一致的，以投标人须知前附表内容为准
   C. 投标人须知正文中的未尽事宜可以通过投标须知前附表进行进一步明确
   D. 投标人须知前附表与招标文件的其他章节应保持独立

31. 在招标控制价的编制过程中，确定分部分项工程的综合单价时，对未计价材料费处理方法正确的是（　　）。
   A. 应计入暂列金额　　　　　　　B. 应计入计日工费
   C. 应计入综合单价　　　　　　　D. 应计入材料、设备暂估单价

32. 当编制招标控制价时，综合单价应包括招标文件中要求（　　）所承担的风险内容及范围（幅度）产生的风险费用。
   A. 招标人　　　　　　　　　　　B. 投标人
   C. 发包人　　　　　　　　　　　D. 中标人

33. 已知某建设项目招标过程中，规定的投标截止时间为2019年8月20日上午10∶00，则在不推迟投标截止时间的前提下，招标文件澄清的最晚时间是（　　）。
   A. 2019年8月5日上午10∶00　　　B. 2019年8月6日上午10∶00
   C. 2019年8月4日上午10∶00　　　D. 2019年7月31日上午10∶00

34. 在投标报价前期工作中需要研究中标文件，其中在合同分析中属于合同条款分析的内容是（　　）。

A. 合同监理方式 B. 合同承包方式
C. 合同计价方式 D. 合同付款方式

35. 在施工投标过程中，经工程量复核发现工程量清单有误，则投标人可以（　　）。
A. 直接修改工程量清单中的工程量
B. 根据自己拟定的施工组织设计对措施项目内容作出修正
C. 采用不平衡报价策略，对可能增加的工程量把单价适当调低
D. 向招标人提出，由招标人统一修改并把修改情况通知所有投标人

36. 下列有关投标文件编制时应遵循的规定，表述正确的是（　　）。
A. 在招标文件事先允许的情况下，投标人可以提出比招标文件要求更能吸引招标人的承诺
B. 投标文件应对招标文件有关投标有效期、质量要求、招标范围等实质性内容作出响应
C. 投标文件的改动之处应加盖单位章并有投标人的法定代表人或其授权的代理人签字确认
D. 允许投标人递交备选投标方案的，各投标人递交的备选投标方案均可予以考虑

37. 在评标的初步评审过程中，以下各项中属于资格评审标准的是（　　）。
A. 投标函上有法定代表人签字并加盖单位章
B. 联合体明确联合体牵头人
C. 只能有一个有效报价
D. 具备有效的安全生产许可证

38. 根据《标准施工招标文件》的规定，采用经评审的最低投标价法，详细评审主要考虑的量化因素是（　　）。
A. 工期提前的效益对报价的修正 B. 付款条件
C. 同时投多个标段的评标修正 D. 施工组织设计

39. 与施工招标文件内容相比，工程总承包招标文件中包括的不同内容是（　　）。
A. 投标邀请书 B. 合同条款中的可选条款
C. 评标办法 D. 投标文件格式

40. 与施工投标相比，以下内容中属于工程总承包特有规定的是（　　）。
A. 投标有效期均为 120 天
B. 投标文件中包括投标保证金
C. 投标文件的编制和递交需遵循投标有效期的有关规定
D. 投标报价中包含利润和风险费

41. 根据《建设工程施工合同（示范文本）》GF—2017—0201 的规定，下列各项中属于工程变更的是（　　）。
A. 取消合同中任何工作，但取消后的工作转由他人实施
B. 增加或减少合同中任何工作
C. 改变已批准的施工工艺和方法
D. 改变投标文件中的环境保护措施

42. 有关工程变更类合同价款调整事项，下列表述中正确的是（　　）。

A. 若在合同履行期间，出现设计变更与原设计图纸任一项目的特征描述不符，应视为工程变更，调整合同价款

B. 由于原招标工程量清单中措施项目缺项，承包人应将新增措施项目实施方案提交发包人批准后，按照工程变更事件中的有关规定调整合同价款

C. 招标工程量清单必须作为招标文件的组成部分，其准确性和完整性由招投标双方共同负责

D. 新增分部分项工程项目清单后，引起总价措施项目发生变化的，应按照实际发生变化的措施项目调整，但应考虑承包人报价浮动因素

43. 当应予计算的实际工程量与招标工程量清单出现偏差超过15%，且该变化引起措施项目相应发生变化，采用系数或单一总价方式计价的措施费的调整原则为（　　）。

A. 工程量增加的，措施项目费调增　　B. 工程量减少的，措施项目费调增

C. 工程量增加的，措施项目费调减　　D. 参照综合单价的调整原则进行调整

44. 施工合同中约定，承包人承担的钢筋价格风险幅度为±5%，超出部分依据《建设工程工程量清单计价规范》GB 50500 造价信息法调差。已知投标人投标价格、基准期发布价格分别为 3300 元/t、3500 元/t。2019 年 12 月的造价信息发布价为 4000 元/t，则该月钢筋的实际结算价格应为（　　）元/t。

A. 3300　　　　　　　　　　　　B. 3500

C. 3825　　　　　　　　　　　　D. 3625

45. 当不可抗力发生之后，应由承包人承担的损失包括（　　）。

A. 承包人的施工机械设备损坏及停工损失

B. 承包人应发包人要求留在施工场地的必要的管理人员及保卫人员的费用

C. 工程所需清理、修复费用

D. 导致的工期延误

46. 在工程索赔费用计算中，分包费用是指（　　）。

A. 分包人对发包人的索赔款项　　　B. 总承包人对分包人的索赔款项

C. 分包人对总承包人的索赔款项　　D. 发包人对分包人的索赔款项

47. 采用价格指数调整价格差额时，若工程造价管理机构提供的价格指数缺乏，则可（　　）。

A. 采用市场询价价格代替

B. 用计日工价格代替

C. 采用工程造价管理机构提供的价格代替

D. 采用造价信息法调整价格差额

48. 按照有关工程计量的规定，以下各项中属于计量范围的是（　　）。

A. 价格调整项目　　　　　　　　　B. 暂列金额项目

C. 总承包服务费　　　　　　　　　D. 规费和税金

49. 对于安全文明施工费的预付，发包人应在工程开工后 28 天内预付不低于当年施工进度计划的安全文明施工费总额的（　　）。

A. 60% B. 50%
C. 40% D. 30%

50. 以下有关安全文明施工费的预付，表述正确的是（   ）。

A. 发包人应在工程开工后的 28 天内预付不低于当年施工进度计划的安全文明施工费总额的 60%

B. 发包人应在工程开工后的 28 天内预付不低于合同价中安全文明施工费总额的 60%

C. 发包人没有按时支付安全文明施工费的，承包人可暂停施工，并催告发包人支付

D. 发包人在付款期满后的 7 天内仍未支付安全文明施工费的，若发生安全事故，由发包人承担全部责任

51. 有关建设工程缺陷责任期的概念和期限，下列表述中正确的是（   ）。

A. 缺陷责任期从工程通过竣工验收之日起计

B. 缺陷责任期可以是 6 个月、12 个月或 24 个月

C. 缺陷责任期的年限应遵从《建设工程质量管理条例》的规定

D. 缺陷责任期是指在正常使用条件下，建设工程的最低保修期限

52. 有关最终结清的过程，下列表述中正确的是（   ）。

A. 最终结清是指合同约定的缺陷责任期终止后发包人与承包人结清全部剩余款项的活动

B. 承包人在提交的最终结清申请中，可以提出工程接收证书颁发前发生的索赔

C. 承包人接受最终支付证书后，可以提出工程接收证书颁发后发生的索赔

D. 发包人对最终结清申请单内容有异议的，按照合同约定的争议解决方式处理

53. 根据最高人民法院《关于审理建设工程施工合同纠纷案件适用法律问题的解释》的规定，下列关于工程结算价款纠纷处理的表述正确的是（   ）。

A. 当事人双方或一方认为签证工程量与实际不符，申请重新计量的，应予支持

B. 当事人约定按照固定价结算工程价款，一方当事人请求人民法院对建设工程造价进行鉴定的，不予支持

C. 当事人另行订立的合同与经中标合同实质性内容不一致的，一方当事人请求按照中标合同确定权利义务的，人民法院应予支持

D. 当事人对付款时间有明确约定的，应从建设工程实际交付之日起计付利息

54. 若工程造价鉴定的争议标的涉及工程造价金额为 5000 万元，则鉴定期限为（   ）。

A. 60 工作日 B. 60 天
C. 80 工作日 D. 80 天

55. 根据《标准设计施工总承包招标文件》的规定，针对"发包人要求"改变的变更，发包人同意承包人根据变更意向书提交的变更实施方案的，由监理人发出（   ）。

A. 变更实施方案 B. 变更意向书
C. 书面变更建议 D. 变更指示

56. 根据《FIDIC 施工合同条件》的规定，因工程量变更可以调整合同规定费率或价格的条件是该项工程工程量的变更与相对应费率的乘积超过了中标金额的（   ）。

A. 1%   B. 0.1%
C. 0.01%   D. 10%

57. 根据《标准设计施工总承包招标文件》的规定，下列关于预付款保函的担保金额表述正确的是（　　）。

A. 保函的担保金额应不低于预付款金额的 10%
B. 保函的担保金额应不低于预付款金额的 5%
C. 保函的担保金额可根据预付款扣回的金额相应递减
D. 保函的担保金额应在预付款全部扣回后一次性返还

58. 在建设项目竣工决算报表的基本建设项目概况表中，非经营性项目发生的江河清障支出应计入（　　）。

A. 建筑安装工程投资支出   B. 待摊投资支出
C. 待核销基建支出   D. 其他投资支出

59. 在竣工决算的审核内容中，审核"评审机构对于多算和重复计算工程量、高估冒算建筑材料价格等问题是否予以审减"，属于审核内容中的（　　）。

A. 项目核算管理情况审核
B. 工程价款结算审核
C. 项目资金管理情况审核
D. 项目基本建设程序执行及建设管理情况审核

60. 关于无形资产的计价，以下说法中正确的是（　　）。

A. 如果商标权是自创的，一般应作为无形资产入账
B. 购入的无形资产按照实际支付的价款计价
C. 企业接受捐赠的无形资产，不作为无形资产入账
D. 专利权的转让价格应按照开发成本估价

二、多项选择题（共 20 题，每题 2 分。每题的备选项中，有 2 个或 2 个以上符合题意，至少有 1 个错项。错选，本题不得分；少选，所选的每个选项得 0.5 分）

61. 下列关于工具、器具及生产家具购置费的表述，正确的是（　　）。

A. 包括保证正常生产必须购置的没有达到固定资产标准的工卡模具的购置费用
B. 一般以设备购置费为计费基数
C. 按照部门或行业规定的工具、器具及生产家具费率计算
D. 包括保证正常生产必须购置的没有达到固定资产标准的生活家具的购置费用
E. 包括保证正常生产必须购置的没有达到固定资产标准的仪器的购置费用

62. 在施工排水、降水措施项目中，以下各项中属于成井费用的是（　　）。

A. 准备钻孔机械的费用   B. 管道安装、拆除、场内搬运等费用
C. 抽水、值班、降水设备维修等费用   D. 对接上、下井管的费用
E. 泥浆制作、固壁费用

63. 在征地补偿费用，土地管理费的计算基础通常包括（　　）。

A. 新菜地开发建设基金   B. 土地补偿费
C. 耕地占用税   D. 青苗补偿费和地上附着物补偿费

E. 安置补助费

64. 以下各项中属于措施项目清单编制依据的是（　　）。
A. 分部分项工程量清单　　　　B. 常规施工方案
C. 设计文件　　　　　　　　　　D. 招标答疑
E. 与建设工程有关的标准、规范、技术资料

65. 在专业工程暂估价中，通常包括（　　）。
A. 材料费　　　　　　　　　　　B. 施工机具使用费
C. 规费　　　　　　　　　　　　D. 税金
E. 利润

66. 适合对各种工时消耗进行研究的计时观察法是（　　）。
A. 数示法　　　　　　　　　　　B. 图示法
C. 工作日写实法　　　　　　　　D. 选择法测时
E. 接续法测时

67. 根据材料单价的组成和确定方法，以下各项中包括在采购及保管费中的是（　　）。
A. 仓储费　　　　　　　　　　　B. 运输损耗
C. 调车和驳船费　　　　　　　　D. 工地保管费
E. 仓储损耗

68. 在投资估算指标中，建设项目综合指标的内容一般包括（　　）。
A. 工程费用　　　　　　　　　　B. 建设期利息
C. 工程建设其他费用　　　　　　D. 预备费
E. 流动资金

69. 下列各项中属于BIM在设计阶段应用内容的是（　　）。
A. 通过BIM技术对设计方案优选
B. 设计模型的多专业一致性检查
C. 将模型与财务分析工具集成，实时获取项目方案的投资收益指标信息
D. 工程量自动计算和统计分析
E. 设计概算的编制管理和审核

70. 按照形成资产法分类，以下各项中属于固定资产费用的是（　　）。
A. 建筑工程费　　　　　　　　　B. 工器具及生产家具购置费
C. 非专利技术使用费　　　　　　D. 工程保险费
E. 生产准备费

71. 采用概算指标法编制建筑工程概算，通常适用于下列何种情况（　　）。
A. 初步设计深度不够，不能准确地计算出工程量，但工程设计采用的技术比较成熟
B. 图样设计间隔很久后再实施，原概算造价适用于当前情况的
C. 设计方案急需造价概算而又有类似工程概算指标可以利用的情况
D. 拟建工程初步设计与已完工程或在建工程的设计相类似而又没有可用的概算指标时

E. 初步设计达到一定深度，建筑结构尺寸比较明确时

72. 当采用二级预算编制形式时，工程预算的文件包括（　　）。
A. 编制说明　　　　　　　　　　B. 总预算表
C. 综合预算表　　　　　　　　　D. 单位工程预算表
E. 附件

73. 在招标工程量清单编制过程中，有关分部分项工程项目清单编制的表述正确的是（　　）。
A. 项目名称应按专业工程量计算规范附录的项目名称结合拟建工程的实际确定
B. 同一招标工程的项目编码不得有重码
C. 若施工图纸能够满足项目特征描述的要求，编制工程量清单时仍必须对项目特征进行准确和全面的描述
D. 工程量计算规范附录中有两个或两个以上计量单位的，招标工程量清单中也可同时选择多个计量单位
E. 工程量的计算顺序可按照顺时针顺序计算，不能按照逆时针顺序计算

74. 关于联合体投标的限制性规定，下列表述中正确的是（　　）。
A. 联合体各方应按招标文件提供的格式签订联合体协议书
B. 联合体各方在同一招标项目中以自己名义单独投标或者参加其他联合体投标的，相关投标均无效
C. 资格预审后联合体增减、更换成员的，应征得招标人同意
D. 由同一专业的单位组成的联合体，按照资质等级较低的单位确定资质等级
E. 联合体投标的，应当以牵头人的名义提交投标保证金

75. 采用综合评估法进行评标，以下内容中属于综合评估比较表的是（　　）。
A. 投标人的投标报价　　　　　　B. 对商务偏差的调整
C. 对技术偏差的调整　　　　　　D. 已评审的最终投标价
E. 每一投标的最终评审结果

76. 根据《国际复兴开发银行贷款和国际开发协会信贷采购指南》规定，在确定中标人后，业主须与承包商进行合同谈判，下列各项中不容谈判的是（　　）。
A. 合同价格　　　　　　　　　　B. 工程数量增减
C. 完工时间的提前　　　　　　　D. 损失赔偿的规定
E. 要求投标人承担额外的任务

77. 对于暂估价引起的合同价款调整，下列表述中正确的是（　　）。
A. 暂估价材料不属于依法必须招标的，由承包人按照合同约定采购，经发包人确认后以此为依据取代暂估价，调整合同价款
B. 暂估价材料属于依法必须招标的，由发承包双方以招标的方式选择供应商。依法确定中标价格后，以此为依据取代暂估价，调整合同价款
C. 暂估价专业工程不属于依法必须招标的，按照工程变更事件的合同价款调整方法，确定专业工程价款，以此为依据取代专业工程暂估价，调整合同价款
D. 暂估价专业工程依法必须招标的，承包人不参加投标的专业工程，由承包人作为

招标人，与组织招标工作有关的费用由发包人另行支付

E. 暂估价专业工程依法必须招标的，承包人参加投标的专业工程，由发包人作为招标人，与组织招标工作有关的费用由承包人承担

78. 发包人要求的工期压缩天数超过定额工期20%的，应在招标文件中明示增加赶工费用，赶工费用的内容主要包括（　　）。

A. 承包人增加的管理费支出　　　B. 新增加投入人工的报酬

C. 材料提前交货可能增加的费用　　D. 提前竣工应获的奖励

E. 不经济的使用机械

79. 由于不可抗力解除合同的，发包人应支付的金额包括（　　）。

A. 合同解除之日前已完成工程但尚未支付的合同价款

B. 由于解除导致的未实施工程的管理费和利润损失

C. 运至施工场地用于施工的材料和待安装的设备的损害

D. 已实施或部分实施的措施项目应付价款

E. 承包人为完成合同工程而预期开支的任何合理费用

80. 以下各项中应该计入新增无形资产价值的是（　　）。

A. 自创的专利权

B. 自创的非专利技术

C. 外购的商标权

D. 行政划拨的土地使用权已按规定补交土地出让价款

E. 自创的商标权

模拟题四

一、单项选择题（共60题，每题1分。每题的备选项中，只有一个最符合题意）

1. 非生产性建设项目总投资应包括（　　）。
   A. 建设投资
   B. 建设投资和建设期利息
   C. 建设投资、建设期利息和流动资金
   D. 建设投资、建设期利息和铺底流动资金

2. 用成本计算估价法计算非标准设备原价时，以下公式中正确的是（　　）。
   A. 材料费＝材料净重×每吨材料综合价
   B. 加工费＝设备总重量（t）×设备每吨加工费
   C. 辅助材料费＝设备总重量（t）×（1+加工损耗系数）×辅助材料费指标
   D. 利润＝（材料费+加工费+辅助材料费+专用工具费+废品损失费+外购配套件费+包装费）×利润率

3. 以下各项中属于建筑安装工程费中企业管理费的是（　　）。
   A. 医疗保险费
   B. 失业保险费
   C. 财产保险费
   D. 工伤保险费

4. 利润是指施工企业完成所承包工程所获得的盈利，通常应（　　）。
   A. 以定额人工费为计算基数，利润率结合建筑市场实际确定
   B. 由施工企业根据自身需求并结合建筑市场实际自主确定
   C. 以定额人工费与机械费之和为计算基数，利润率根据历年积累的工程造价资料确定
   D. 以定额基价为计算基数，利润率结合建筑市场实际确定

5. 竣工验收前，对已完工程及设备采取的覆盖、包裹、封闭、隔离等必要保护措施所发生的费用属于（　　）。
   A. 安全文明施工费
   B. 地上、地下设施和建筑物的临时保护设施费
   C. 已完工程及设备保护费
   D. 应予计量的措施项目费

6. 以下各项中属于建设单位管理费的是（　　）。
   A. 技术图书资料费
   B. 可行性研究费
   C. 勘察设计费
   D. 环境影响评价费

7. 建设单位管理费包含项目建设单位各类管理性支出，其涵盖的时间范围是（　　）。
   A. 从项目立项之日起至办理竣工财务决算之日止
   B. 从项目立项之日起至移交使用单位之日止

C. 从项目筹建之日起至办理竣工财务决算之日止
D. 从项目筹建之日起至移交使用单位之日止

8. 在下列各项中属于基本预备费的是（   ）。
   A. 超出初步设计范围的设计变更所增加的费用
   B. 实行工程保险的费用
   C. 超规超限设备运输而增加的费用
   D. 为鉴定工程质量所进行的隐蔽工程中间验收的费用

9. 有关建设期利息的计算，以下表述中正确的是（   ）。
   A. 当年借款按半年计息，上年借款按半年计息
   B. 当年借款按全年计息，上年借款按半年计息
   C. 当年借款按半年计息，上年借款按全年计息
   D. 当年借款按全年计息，上年借款按全年计息

10. 根据工程造价计价的基本环节划分，确定单位工程基本构造单元属于（   ）工作。
    A. 工程组价   B. 工程计量
    C. 工程单价的确定   D. 工程造价的计算

11. 按照定额的编制程序和用途分类，以下表述中正确的是（   ）。
    A. 预算定额是以施工定额为基础综合扩大编制的
    B. 概算定额的项目划分粗细，与初步设计的深度相适应
    C. 概算指标主要用来编制扩大初步设计概算
    D. 投资估算指标的概略程度与项目建议书阶段相适应

12. 对于没有具体数量的清单项目，通常选取的计量单位可以是（   ）。
    A. 套   B. 组
    C. 项   D. 台

13. 对于暂估价的概念及使用，下列表述中正确的是（   ）。
    A. 暂估价是因不可避免的价格调整而设立的
    B. 暂估价是指招标人在工程量清单中提供的用于可能发生但暂时不能确定价格的材料、工程设备单价以及专业工程的金额
    C. 材料、工程设备暂估价和专业工程暂估价应只是暂估单价，以方便投标人组价
    D. 投标人应将材料暂估价计入工程量清单综合单价报价中

14. 在工人工作时间消耗的分类中，与产品生产直接有关的时间消耗是（   ）。
    A. 有效工作时间   B. 基本工作时间
    C. 辅助工作时间   D. 必须消耗的时间

15. 已知每平方米墙面所需的勾缝时间为10分钟，根据工时规范，辅助工作时间占工序作业时间的2%，准备与结束时间、不可避免中断时间、休息时间分别占工作日的3%、2%、15%，求两砖墙勾缝的时间定额为（   ）工日/m³。
    A. 0.111   B. 0.073
    C. 0.027   D. 0.054

16. 影响人工日工资单价的主要因素包括（　　）。
   A. 生产能力指数　　　　　　　　B. 社会先进工资水平
   C. 劳动力市场的供需变化　　　　D. 季节性变化

17. 某建设项目从两个不同的地点采购材料（适用13%增值税率，但供货单位一为小规模纳税人），其供应量及有关费用如下表所示（表中原价、运杂费均为不含税价格，且供货单位一供料采用"一票制"支付方式；供货单位二供料采用"两票制"支付方式，运杂费适用的增值税率按9%计算），则该材料的单价为（　　）元/t。

题 17 表

供应单位	采购量（t）	原价（元/t）	运杂费（元/t）	运输损耗率（%）	采购及保管费费率（%）
供货单位一	300	240	20	0.5	3.5
供货单位二	200	250	15	0.4	

   A. 241.08　　　　　　　　　　　B. 272.42
   C. 255.22　　　　　　　　　　　D. 241.68

18. 以下对于单项概算指标的表述，正确的是（　　）。
   A. 单项概算指标是按照工业或民用建筑及其结构类型而制定的概算指标
   B. 单项概算指标的概括性较大
   C. 单项概算指标中对工程结构形式要作介绍
   D. 单项概算指标的准确性、针对性不足

19. 关于概算指标的组成内容和表现形式，下列表述中正确的是（　　）。
   A. 建筑工程的综合指标形式主要有"元/m³""元/m²"和"元/m"
   B. 单项概算指标的针对性较强，故指标中对工程结构形式要作介绍
   C. 在安装工程中，工艺管道一般以"m"为计算单位
   D. 概算指标的内容一般分为总说明和分册说明两部分

20. 工程造价管理的信息资料满足不同特点项目的需要，这体现了工程计价信息的（　　）特点。
   A. 多样性　　　　　　　　　　　B. 专业性
   C. 区域性　　　　　　　　　　　D. 动态性

21. 有关工程造价指标测算时应注意的问题，下列说法正确的是（　　）。
   A. 招标控制价应采用成果文件编制完成日期
   B. 合同价应采用合同签订日期
   C. 设计概算应采用审查批复日期
   D. 结算价应采用备案日期

22. 在进行建设地区选择时，下列项目中应尽可能靠近原料产地的是（　　）。
   A. 铝厂项目　　　　　　　　　　B. 矿产品初步加工项目
   C. 电石厂项目　　　　　　　　　D. 技术密集型建设项目

23. 进行厂址选择时的费用分析，项目投资费用的比较的内容主要包括（　　）。
   A. 动力供应费用　　　　　　　　B. 给水、排水、污水处理费用

C. 产品运出费用　　　　　　　　D. 生活设施费

24. 在建设项目投资估算过程中，适合采用匡算法计算的内容是（　　）。
A. 工程费用　　　　　　　　　　B. 建设投资
C. 静态投资　　　　　　　　　　D. 固定资产投资

25. 采用形成资产法编制建设投资估算时，下列各项中属于形成固定资产费用的是（　　）。
A. 工程费用　　　　　　　　　　B. 专利权
C. 商标权　　　　　　　　　　　D. 生产准备费

26. 对于多层房屋或者大跨度建筑，比较适宜的建筑结构方案选择是（　　）。
A. 钢筋混凝土结构　　　　　　　B. 砌体结构
C. 剪力墙结构　　　　　　　　　D. 钢结构

27. 在建筑结构的选择中，五层以下的建筑物通常应选用（　　）。
A. 砌体结构　　　　　　　　　　B. 钢筋混凝土结构
C. 钢结构　　　　　　　　　　　D. 框架结构

28. 对于价格波动较大的非标准设备和引进设备的安装工程概算，适合采用的安装工程概算编制方法是（　　）。
A. 预算单价法　　　　　　　　　B. 设备价值百分比法
C. 扩大单价法　　　　　　　　　D. 综合吨位指标法

29. 下列各项中属于施工图预算对施工企业作用的是（　　）。
A. 是进行施工图预算和施工预算对比分析的依据
B. 是确定工程招标控制价的依据
C. 是拨付工程进度款及办理工程结算的基础
D. 是控制造价及资金合理使用的依据

30. 招标文件的澄清或修改应在规定的投标截止时间（　　）天前以书面形式发给所有购买招标文件的投标人。
A. 15　　　　　　　　　　　　　B. 14
C. 20　　　　　　　　　　　　　D. 28

31. 以下各项中属于招标工程量清单编制依据的是（　　）。
A. 招标文件答疑纪要　　　　　　B. 市场价格信息
C. 拟定的招标文件　　　　　　　D. 工程造价管理机构发布的工程造价信息

32. 当编制招标控制价时，对于专业工程暂估价的确定通常采用的方法是（　　）。
A. 按照工程造价管理机构发布的工程造价信息中的价格计算
B. 应分不同专业，按有关计价规定估算
C. 应按市场调查确定的价格计算
D. 应根据工程特点、工期长短，按有关计价规定进行估算

33. 通常当招标控制价复查结论与原公布的招标控制价误差大于（　　）时，应责成招标人改正。
A. ±2%　　　　　　　　　　　　B. ±3%

C. ±4%   D. ±5%

34. 在投标报价过程中，下列有关询价工作表述正确的是（　　）。
   A. 询价除需要了解生产要素价格外，还应了解影响价格的各种因素
   B. 通常直接与厂商联系所得到的询价资料比较可靠
   C. 在劳务市场上招募零散劳动力，可能带来费用较高的风险
   D. 应先签订分包合同，才可以进行分包询价

35. 在各种询价渠道中，询价资料比较可靠，但需要支付一定费用的询价方式是（　　）。
   A. 向咨询公司进行询价   B. 通过互联网查询
   C. 直接与生产厂商联系   D. 向了解经营该项产品的销售商询价

36. 已知某建设项目施工招标，招标文件中公布的招标控制价为4500万元，某投标人的投标报价为3800万元，则投标保证金的数额最高不超过（　　）万元。
   A. 90   B. 80
   C. 76   D. 50

37. 在评标的初步评审过程中，以下各项中属于形式评审标准的是（　　）。
   A. 审核全部报价数据计算的正确性   B. 联合体明确联合体牵头人
   C. 具备有效的安全生产许可证   D. 工程进度计划与措施符合有关标准

38. 在签订合同前，中标人以及联合体的中标人应按招标文件有关规定的金额、担保形式和提交时间，向招标人提供履约担保，有关履约担保的规定，下列表述中正确的是（　　）。
   A. 履约担保应采用银行保函形式
   B. 中标人不能按要求提交履约保证金的，视为放弃中标，投标保证金予以退还，但不返还利息
   C. 招标人要求中标人提供履约担保的，应当同时向中标人提供工程款支付担保
   D. 中标后的承包人应保证其履约保证金在发包人颁发缺陷通知期终止证书前一直有效

39. 在工程总承包投标文件中，下列内容中包括在承包人实施计划中的是（　　）。
   A. 暂估价清单   B. 工程详细说明
   C. 项目管理要点   D. 对发包人要求错误的说明

40. 以下方式中不属于阶段性总承包的是（　　）。
   A. 设计采购施工总承包   B. 设计施工总承包
   C. 设计采购总承包   D. 采购施工总承包

41. 根据各类调价事项，经发承包双方确认调整的合同价款，作为追加（减）合同价款，其支付时间为（　　）。
   A. 在竣工结算时一并支付   B. 与工程进度款或结算款同期支付
   C. 在正常工期内分期支付   D. 在最终结清时一并支付

42. 某分部分项工程招标工程量清单数量为1500m^3，施工中由于设计变更调整为1200m^3，该项目招标控制价综合单价为350元，投标报价为405元，已知该项目招标控制

价为5000万元，投标报价为4800万元，则该分部分项工程的结算价格为（　　）元。

A. 483000　　　　　　　　　　B. 463680

C. 486000　　　　　　　　　　D. 607200

43. 采用价格指数调整价格差额时，定值权重应在（　　）中约定。

A. 招标文件　　　　　　　　　B. 通用条款

C. 专用条款　　　　　　　　　D. 投标函附录

44. 承发包双方约定承包人承担5%的材料价格风险并采用造价信息调整价格差额，若某材料投标报价为1000元/t，基准价为1050元/t，工程施工期间材料信息价为900元/t，则该材料的实际结算价格为（　　）元/t。

A. 950　　　　　　　　　　　　B. 900

C. 902.5　　　　　　　　　　　D. 997.5

45. 有关索赔的概念和分类，下列表述中正确的是（　　）。

A. 工程索赔主要是由于当事人一方未履行合同约定，对方当事人追究其法律责任的行为

B. 根据索赔的目的和要求，可以将工程索赔分为工期索赔、费用索赔和利润索赔

C. 工程索赔既包括承包人与发包人之间的索赔，也包括总承包人和分包人之间的索赔

D. 不可抗力事件原因造成工期拖延的，承包人不可以向发包人提出索赔

46. 关于索赔费用的描述，下列说法中正确的是（　　）。

A. 保险费和保函手续费索赔都是因发包人原因导致工程延期产生的

B. 材料费索赔中不包括发包人原因导致工程延期期间的材料价格上涨

C. 管理费主要指公司管理费

D. 利息索赔时，合同中对利率没有约定的，可以按照中国人民银行发布的同期同类存款利率计算

47. 下列各项中适合采用造价信息法调整价格差额的是（　　）。

A. 房屋建筑与装饰工程　　　　B. 公路工程

C. 水坝工程　　　　　　　　　D. 铁路工程

48. 以下各项中属于工程计量依据的是（　　）。

A. 招标文件　　　　　　　　　B. 质量合格证书

C. 设计文件　　　　　　　　　D. 中标通知书

49. 关于承包人提交的预付款保函的担保金额，以下表述中正确的是（　　）。

A. 预付款保函的金额保持不变，在预付款全部扣回前一直保持有效

B. 预付款保函的金额保持不变，在工程竣工前一直保持有效

C. 根据预付款扣回的数额相应递减，在预付款全部扣回前一直保持有效

D. 根据预付款扣回的数额相应递减，在工程竣工前一直保持有效

50. 有关期中支付价款的计算，下列表述中正确的是（　　）。

A. 本周期合计完成的合同价款包括本周期应扣回的预付款

B. 本周期已完成的计日工价款应计入累计已完成的合同价款

C. 进度款支付比例按照合同约定，按期中结算价款总额计，通常不高于90%

D. 本周期应扣减的金额应计入累计已实际支付的合同价款

51. 有关质量保证金的管理方式，以下表述中正确的是（　　）。

　　A. 社会投资项目的质量保证金应由发包方管理

　　B. 缺陷责任期内，如发包方被撤销，则质量保证金应向承包人返还

　　C. 采用工程质量保证担保、工程质量保险等方式的，发包人不得再预留质量保证金

　　D. 不实行国库集中支付的政府投资项目，质量保证金应由使用单位管理

52. 当用和解方式解决建设工程合同价款纠纷时，下列表述中正确的是（　　）。

　　A. 发承包双方协商达不成一致的，以监理或造价工程师的暂定结果为准

　　B. 发承包双方协商达成一致的，双方应签订书面和解协议，和解协议对发承包双方均有约束力

　　C. 发承包双方或一方不同意暂定结果的，可不实施该结果，直到其按照发承包双方认可的争议解决办法被改变为准

　　D. 发承包双方对暂定结果认可的，在以书面形式予以确认后仍可提出改变暂定结果

53. 下列各情形中可认定为施工合同无效的是（　　）。

　　A. 承包人超越资质等级许可的业务范围签订建设工程施工合同，在建设工程竣工前取得相应资质等级的

　　B. 具有劳务作业法定资质的承包人与总承包人、分包人签订的劳务分包合同

　　C. 建设工程必须进行招标而未招标或者中标无效的

　　D. 发包人在起诉前取得建设工程规划许可证的

54. 鉴定项目合同对计价依据、计价方法约定条款前后矛盾的，鉴定人应提请委托人决定适用条款，委托人暂不明确的，鉴定人应（　　）。

　　A. 按不同的约定条款分别作出鉴定意见，供委托人判断使用

　　B. 按照约定时间在前的条款作出鉴定意见

　　C. 按照约定时间在后的条款作出鉴定意见

　　D. 按照当事人实际履行的约定条款作出鉴定意见

55. 根据《标准设计施工总承包招标文件》的规定，以下事项中可能构成变更的是（　　）。

　　A. 采购变更　　　　　　　　　　B. 设计变更

　　C. 施工变更　　　　　　　　　　D. 承包人合理化建议构成的变更

56. 根据《FIDIC 施工合同条件》的规定，因工程量变更可以调整合同规定费率或价格的条件是由于工程量的变更直接造成该部分工程每单位工程量费用的变动超过（　　）。

　　A. 10%　　　　　　　　　　　　B. 0.1%

　　C. 0.01%　　　　　　　　　　　D. 1%

57. 根据《标准设计施工总承包招标文件》的规定，工程进度付款的支付方式为（　　）。

　　A. 按月付款　　　　　　　　　　B. 按形象进度付款

　　C. 按里程碑付款　　　　　　　　D. 按合同约定的时间节点付款

58. 由原设计原因造成结构形式等重大改变的，应由设计单位负责重新绘制竣工图，

然后由（　　）负责在新图上加盖"竣工图"标志。

A. 承包人　　　　　　　　　　　B. 发包人

C. 监理人　　　　　　　　　　　D. 设计单位

59. 在竣工决算的审核内容中，审核"待摊费用支出及其分摊是否合理合规"，属于审核内容中的（　　）。

A. 项目核算管理情况审核

B. 工程价款结算审核

C. 项目资金管理情况审核

D. 项目基本建设程序执行及建设管理情况审核

60. 在计算新增固定资产价值时，通常是以独立发挥生产能力的（　　）为对象。

A. 分部分项工程　　　　　　　　B. 单位工程

C. 单项工程　　　　　　　　　　D. 建设项目

二、多项选择题（共20题，每题2分。每题的备选项中，有2个或2个以上符合题意，至少有1个错项。错选，本题不得分；少选，所选的每个选项得0.5分）

61. 当采用 FOB 交货方式时，卖方的基本义务包括（　　）。

A. 负责租船订舱位，并支付运费

B. 在装运港按照习惯方式将货物交到买方指派的船上，并及时通知买方

C. 办理货物出口所需的一切海关手续

D. 办理货物经由他国过境的一切海关手续

E. 给对方关于船名、装船地点和交货时间的充分的通知

62. 在计算夜间施工增加费时，通常应包括以下内容（　　）。

A. 临时可移动照明灯具的设置、拆除

B. 夜间施工时施工现场安全标牌的设置费用

C. 施工人员夜班补助

D. 夜间施工劳动效率降低

E. 在地下室等特殊施工部位施工所采用的照明设备的维护费用

63. 以下各项中属于技术服务费的是（　　）。

A. 安置补助费

B. 危险与可操作性分析及安全完整性评价费

C. 人员培训费

D. 电梯设备安全检验费

E. 绿化工程补偿费

64. 针对总价措施项目清单的编制，下列说法中正确的是（　　）。

A. "计算基础"中安全文明施工费可为"定额基价""定额人工费"或"定额人工费+定额机械费"

B. "计算基础"中除安全文明施工费之外的其他项目应为"定额人工费"

C. 按施工方案计算的措施费，可只填"金额"数值，不填"计算基础"和"费率"

D. 按施工方案计算的措施费，应在备注栏说明施工方案出处或计算方法

E. 措施项目中可以计算工程量的项目清单宜采用分部分项工程量清单的方式编制

65. 在编制招标控制价时，计日工表中应由招标人填写的是（　　）。
A. 项目名称　　　　　　　　　　B. 实际数量
C. 综合单价　　　　　　　　　　D. 暂定合价
E. 暂定数量

66. 下列对工人工作时间中基本工作时间的理解，正确的是（　　）。
A. 基本工作时间与辅助工作时间之和构成了有效工作时间
B. 基本工作时间的长短和工作量大小成正比
C. 基本工作时间是在正常额定负荷状态下的工作时间
D. 基本工作时间可以改变产品的外形、结构或性质等
E. 基本工作时间中包括由于施工工艺特点引起的工作中断所必需的时间

67. 在施工机械台班单价和施工仪器仪表台班单价中均包含的内容包括（　　）。
A. 台班折旧费　　　　　　　　　B. 台班维护费
C. 台班检修费　　　　　　　　　D. 台班校验费
E. 台班燃料动力费

68. 在预算定额的编制过程中，以下各种材料中适合用换算法计算其材料消耗量的是（　　）。
A. 砖　　　　　　　　　　　　　B. 胶结
C. 块料面层　　　　　　　　　　D. 涂料
E. 门窗制作用材料

69. 下列各项中属于BIM在发承包阶段应用内容的是（　　）。
A. 设计模型的多专业一致性检查
B. 工程量自动计算和统计分析，形成准确的工程量清单
C. 提高招投标工作的效率和准确性
D. 有利于投标人报价的限制
E. 进行设计方案优选

70. 以下对于生产能力指数法的描述，正确的是（　　）。
A. 生产能力指数法可与系数估算法混合使用
B. 生产能力指数法主要应用于设计深度不足的情况
C. 一般要求拟建项目与已建类似项目生产能力比值不大于50倍
D. 生产能力指数法要求设计定型并系列化
E. 经常用于承包商进行总承包报价

71. 在进行建设项目总概算编制时，设计总概算文件通常包括（　　）。
A. 编制说明　　　　　　　　　　B. 各单项工程综合概算书
C. 工程建设其他费用概算表　　　D. 项目分年投资计划表
E. 主要建筑安装材料汇总表

72. 在进行二级预算编制时，总预算的内容通常包括（　　）。
A. 单位工程施工图预算　　　　　B. 单项工程综合预算

C. 工程建设其他费　　　　　　　　D. 预备费
E. 建设期利息

73. 在建设项目施工招标过程中，以下内容中属于招标文件中投标人须知的是（　　）。
A. 重新招标和不再招标　　　　　　B. 技术标准和要求
C. 招标文件的澄清和修改的规定　　D. 投标报价编制的要求
E. 本工程拟采用的专用合同条款

74. 关于投标保证金，下列描述正确的是（　　）。
A. 投标保证金的有效期应与投标有效期保持一致
B. 投标保证金通常应用现金支付
C. 招标人以书面形式通知所有投标人延长投标有效期，投标人不得拒绝
D. 投标保证金的数额由投标人在投标文件中确定
E. 招标人和中标人签订合同后 5 日内，向未中标的投标人和中标人退还投标保证金及银行同期存款利息

75. 下列各项中属于初步评审标准中资格评审标准内容的是（　　）。
A. 投标人名称与营业执照一致　　　B. 报价唯一
C. 投标文件格式符合要求　　　　　D. 具备有效的安全生产许可证
E. 资质等级符合规定

76. 承揽国际工程投标报价时，计算施工机械台班单价时通常需要计算的是（　　）。
A. 运杂费　　　　　　　　　　　　B. 大修理费用
C. 维修费　　　　　　　　　　　　D. 机上人工费
E. 管理费

77. 在下列各项中，属于工程索赔类合同价款调整事项的是（　　）。
A. 项目特征不符　　　　　　　　　B. 提前竣工
C. 工程量清单缺项　　　　　　　　D. 误期赔偿
E. 工程量偏差

78. 根据《标准施工招标文件》的规定，下列各项事件中承包人可以同时获得工期、费用、利润补偿的事件是（　　）。
A. 迟延提供图纸
B. 因发包人原因造成工期延误
C. 因发包人的原因导致工程试运行失败
D. 工程移交后因发包人原因出现新的缺陷或损坏的修复
E. 工程暂停后因发包人原因无法按时复工

79. 在承包人提交的进度款支付申请中，本周期合计完成的合同价款中包括（　　）。
A. 本周期已完成单价项目的金额　　B. 本周期应支付的总价项目金额
C. 本周期应支付的安全文明施工费　D. 本周期应扣回的预付款
E. 本周期应增加的金额

80. 有关新增固定资产价值，以下说法正确的是（　　）。
A. 对于单项工程中不构成生产系统，但能独立发挥效益的非生产性项目，在建成并

交付使用后，也要计算新增固定资产价值

  B. 生产设备一般仅计算采购成本，不计分摊的"待摊投资"

  C. 属于新增固定资产价值的其他投资，应随同受益工程交付使用的同时一并计入

  D. 建筑工程设计费按建筑工程造价比例分摊

  E. 分批交付生产的工程，应待全部交付完毕后一次性计入新增固定资产价值

模拟题五

一、单项选择题（共 60 题，每题 1 分。每题的备选项中，只有一个最符合题意）

1. 根据世界银行工程项目总建设成本的构成，以下各项中属于直接建设成本的是（   ）。
   A. 前期研究、勘测费用　　　　　　　　B. 施工现场监督的费用
   C. 工厂投料试车必需的材料费用　　　　D. 建筑保险和债券

2. 进口设备从装运港（站）到达我国目的港（站）的运费属于（   ）。
   A. 设备运杂费　　　　　　　　　　　　B. 运费和装卸费
   C. 设备原价　　　　　　　　　　　　　D. 采购与仓库保管费

3. 当按费用构成要素划分建筑安装工程费用项目时，下列各项中属于材料费的是（   ）。
   A. 施工所需使用仪器仪表的摊销费用
   B. 工业、交通等项目中的工艺设备购置费
   C. 企业管理用办公软件的采购费用
   D. 周转材料的摊销、租赁费用

4. 已知某政府办公楼项目，已知税前造价为 2000 万元，其中包含增值税可抵扣进项税额 150 万元，若采用一般计税方法，则该项目应缴纳的增值税为（   ）万元。
   A. 180.0　　　　　　　　　　　　　　B. 193.5
   C. 166.5　　　　　　　　　　　　　　D. 60.0

5. 在应予计量的措施项目中，排水降水费通常可采用的计算方法包括（   ）。
   A. 按照建筑面积以"平方米"计算
   B. 按照垂直投影面积以"平方米"计算
   C. 按照排、降水日历天数以"昼夜"计算
   D. 按照施工工期日历天数以"天"计算

6. 在工程建设其他费用中，研究试验费应包括（   ）。
   A. 自行或委托其他部门研究使用所需的仪器使用费
   B. 新产品试制费
   C. 中间试验费
   D. 重要科学研究补助费

7. 以下各项中属于征地补偿费的是（   ）。
   A. 耕地占用税　　　　　　　　　　　　B. 耕地开垦费
   C. 拆迁补偿金　　　　　　　　　　　　D. 土地转让金

8. 价差预备费的计算基数为（   ）。

A. 工程费用

B. 设备工器具购置费

C. 工程费用+工程建设其他费用

D. 工程费用+工程建设其他费用+基本预备费

9. 某建设项目，建设期为3年，分年均衡进行贷款，第一年贷款500万元，第二年贷款1000万元，第三年贷款300万元，年利率为10%，建设期内利息只计息不支付，则该项目建设期利息为（　　）万元。

A. 25 B. 102.5
C. 177.75 D. 305.25

10. 根据工程造价计价的基本环节划分，确定单位工程基本构造单元属于（　　）工作。

A. 工程组价 B. 工程计量
C. 工程单价的确定 D. 工程造价的计算

11. 在正常的施工条件下，完成一定计量单位合格分项工程或结构构件所需消耗的人工、材料、施工机具台班数量及其费用标准的定额是（　　）。

A. 预算定额 B. 施工定额
C. 概算定额 D. 概算指标

12. 选择分部分项工程的计量单位时，以"kg"为单位的项目，有效位数选择的原则为（　　）。

A. 保留三位有效数字 B. 保留两位有效数字
C. 保留一位有效数字 D. 应取整数

13. 在合同约定之外的或者因变更而产生的、工程量清单中没有相应项目的额外工作通常是指（　　）。

A. 零星项目或工作 B. 计日工
C. 暂列金额 D. 暂估价

14. 在工人工作时间消耗的分类中，下列各项中属于损失时间的是（　　）。

A. 抹灰工补上偶然遗留的墙洞消耗的时间 B. 施工工艺特点引起的工作中断的时间
C. 保证基本工作能顺利完成所消耗的时间 D. 事后清理场地的时间

15. 已知每平方米墙面所需的勾缝时间为8分钟，同时通过计时观察资料得知：人工砌墙辅助工作时间占工序作业时间的5%，准备与结束时间、不可避免的中断时间、休息时间分别占工作日的4%、3%、15%，则1砖半墙勾缝的产量定额为（　　）m³/工日。

A. 10.662 B. 16.226
C. 15.985 D. 10.504

16. 当计算材料单价时，材料运到工地仓库价格通常是指（　　）。

A. 材料原价+材料运杂费+运输损耗费 B. 材料供应价格
C. 材料供应价格+材料运杂费 D. 材料供应价格+运输损耗费

17. 已知某施工机械耐用总台班为2500台班，检修间隔台班为500台班，一次检修费为10000元，若自行检修比例为60%，则该施工机械台班检修费为（　　）元/台班。

A. 20.00　　　　　　　　　　　　B. 15.26
C. 19.08　　　　　　　　　　　　D. 16.00

18. 预算定额与施工定额计量单位往往不同，其原因是（　　）。
A. 预算定额的计量单位具有综合的性质
B. 预算定额的计量单位一般按照工序或施工过程确定
C. 施工定额的计量单位主要是根据分项工程的形体特征及其变化确定
D. 预算定额的编制需遵循简明适用原则

19. 在投资估算指标的内容中，以下各项中包括在单项工程指标中的是（　　）。
A. 工程建设其他费　　　　　　　B. 基本预备费
C. 价差预备费　　　　　　　　　D. 生产家具购置费

20. 工程计价信息需要区分为水利、电力、铁道、公路等不同工程反映，这体现了工程计价信息的（　　）特点。
A. 多样性　　　　　　　　　　　B. 专业性
C. 区域性　　　　　　　　　　　D. 动态性

21. 当采用汇总计算法计算上一层级造价指标时，对下一层级造价指标的加权平均计算应采用的权重为（　　）。
A. 消耗量　　　　　　　　　　　B. 总建设规模
C. 总投资额　　　　　　　　　　D. 工程量

22. 在制约项目规模合理化的主要因素中，确定项目生产规模的前提是（　　）。
A. 市场因素　　　　　　　　　　B. 市场价格分析
C. 市场需求状况　　　　　　　　D. 市场风险分析

23. 以下关于生产能力指数法的表述，正确的是（　　）。
A. 若已建类似项目规模与拟建项目规模的比值为 2~50，且拟建项目生产规模的扩大仅靠增大设备规模来达到时，则 x 的取值约为 0.8~0.9
B. 生产能力指数法是将项目的建设投资与其生产能力的关系视为简单的线性关系
C. 在总承包工程报价时经常被承包商采用
D. 使用此方法一般要求拟建项目与已建类似项目生产能力比值在 20 倍内效果较好

24. 下列内容中属于投资估算分析的是（　　）。
A. 分析主要技术经济指标　　　　B. 分析有关参数、率值的选定
C. 分析影响投资的主要因素　　　D. 分析估算编制方法

25. 以拟建项目的设备购置费为基数，根据已建成的同类项目的建筑安装费和其他工程费等与设备价值的百分比，求出拟建项目建筑安装工程费和其他工程费，进而求出项目的静态投资，此估算方法可称为（　　）。
A. 因子估算法　　　　　　　　　B. 比例估算法
C. 指标估算法　　　　　　　　　D. 扩大指标估算法

26. 对于高层或者超高层建筑，比较适宜的建筑结构方案选择是（　　）。
A. 钢筋混凝土结构　　　　　　　B. 砌体结构
C. 框架结构和剪力墙结构　　　　D. 钢结构

27. 下列项目中包含在单位设备及安装工程概算中的是（   ）。
   A. 电气、照明工程概算　　　　　B. 工器具及生产家具购置费
   C. 通风、空调工程概算　　　　　D. 给排水工程概算

28. 在设计概算的三级概算中，单项工程综合概算通常采用（   ）形式进行编制。
   A. 建筑材料表　　　　　　　　　B. 单位工程概算汇总表
   C. 综合概算表　　　　　　　　　D. 总概算表

29. 在用工料单价法编制施工图预算时，当分项工程的主要材料品种与预算单价或单位估价表中规定材料不一致时，可以（   ）。
   A. 按实际使用材料价格换算预算单价
   B. 直接套用预算单价
   C. 按实际需要对人工、材料、机具价格进行调整
   D. 重新选择适用的定额单价

30. 下列有关招标文件澄清的表述，正确的是（   ）。
   A. 招标文件的澄清可以书面或口头形式发给所有购买招标文件的投标人
   B. 如果澄清发出的时间距投标截止时间不足15天，相应推迟投标截止时间
   C. 招标文件的澄清需指明澄清问题的来源
   D. 投标人收到澄清后的确认时间应采用相对时间

31. 在招标工程量清单编制的准备工作中，属于初步研究阶段工作内容的是（   ）。
   A. 对土石方工程估算整体工程量　B. 确定工程量清单的编审范围
   C. 自然地理条件调查　　　　　　D. 确定清单的项目编码

32. 招标控制价中的暂列金额，通常应以（   ）为计算基数。
   A. 分部分项工程费与可计量措施项目费
   B. 分部分项工程费与措施项目费
   C. 分部分项工程费、措施项目费和其他项目费
   D. 分部分项工程费

33. 在招标控制价的编制过程中，计日工中的材料单价的计算方法应优先选择（   ）。
   A. 参考市场价格计算　　　　　　B. 按市场调查确定的单价计算
   C. 工程造价信息中的材料单价　　D. 按向生产厂商询价所获单价计算

34. 工程量的大小是投标报价最直接的依据，复核工程量的准确程度，对承包商经营行为的主要影响是（   ）。
   A. 对工程量清单进行修改　　　　B. 准确地确定订货及采购物资的数量
   C. 向招标人提出工程量清单存在的错误　D. 决定投标报价中应考虑的风险范围

35. 关于投标报价中清单单位含量的概念，下列表述中正确的是（   ）。
   A. 每一计量单位的定额项目所分摊的工程内容的定额工程数量
   B. 每一计量单位的清单项目所分摊的工程内容的定额工程数量
   C. 每一计量单位的清单项目所分摊的工程内容的清单工程数量
   D. 每一计量单位的定额项目所分摊的工程内容的清单工程数量

36. 有关投标报价时生产要素询价的表述，正确的是（   ）。

A. 在外地施工需要的机械设备，有时在当地租赁或采购可能更为有利

B. 劳务分包的询价一般价格低廉，但有时素质达不到要求

C. 询价人员应在施工方案确定前，发出材料询价单

D. 劳务市场招募零散劳动力的询价一般费用较高，但素质较可靠

37. 投标报价有算术错误的，对其修正程序表述正确的是（　　）。

A. 评标委员会按照有关原则对投标报价进行修正，修正的价格经投标人书面确认后具有约束力

B. 投标人按照有关原则对投标报价进行修正，修正的价格经评标委员会书面确认后具有约束力

C. 评标委员会按照有关原则对投标报价进行修正，修正的价格经招标人书面确认后具有约束力

D. 投标人按照有关原则对投标报价进行修正，修正的价格经招标人书面确认后具有约束力

38. 有关合同签订的有关规定，下列表述中正确的是（　　）。

A. 招标人应当在与中标人签订合同后 5 天内，向中标人退还投标保证金及银行同期存款利息

B. 发出中标通知书后，招标人无正当理由拒签合同的，应向中标人双倍退还投标保证金

C. 中标人无正当理由拒签合同的，招标人应没收其履约担保

D. 签约合同价应是在中标价基础上经过合同谈判修订后的价格

39. 在工程总承包投标文件中，下列内容中包括在承包人建议书中的是（　　）。

A. 暂估价清单　　　　　　　　B. 工程详细说明

C. 项目管理要点　　　　　　　D. 总体实施方案

40. 在工程总承包投标文件的编制中，下列各项中属于承包人实施计划的是（　　）。

A. 工程详细说明　　　　　　　B. 项目实施要点

C. 设备方案　　　　　　　　　D. 对发包人要求错误的说明

41. 对于实行招标的建设工程，基准日的设定方式一般为（　　）。

A. 投标有效期结束前第 28 天

B. 提交投标文件的截止时间前的第 28 天

C. 建设工程施工合同签订前的第 28 天

D. 投标准备期开始前的第 28 天

42. 当应予计算的实际工程量与招标工程量清单出现偏差超过 15% 的，且该变化引起措施项目相应发生变化的，下列表述中正确的是（　　）。

A. 如该措施项目是按单价方式计价，工程量增加的，措施项目费调减

B. 如该措施项目是按单价方式计价，工程量减少的，措施项目费调增

C. 如该措施项目是按系数或单一总价方式计价的，工程量增加的，措施项目费调减

D. 如该措施项目是按系数或单一总价方式计价的，工程量增加的，措施项目费调增

43. 某土建工程，合同规定结算款为 200 万元，合同原始投标截止日期为 2018 年 3 月

15日,工程于2019年2月建成交付使用,竣工结算支付证书的签发日为3月20日。根据下表中所列工程人工费、材料费构成比例以及有关价格指数,则需调整的价格差额是(　　)。

题43表

项目	人工费	钢材	水泥	集料	一级红砖	砂	木材	不调值费用
比例	45%	11%	11%	5%	6%	3%	4%	15%
2018年2月指数	100	100.8	102.0	93.6	100.2	95.4	93.4	—
2018年3月指数	105.2	101.9	103.0	95.8	100.2	94.6	95.6	—
2019年2月指数	110.1	98.0	112.9	95.9	98.9	91.1	117.9	—
2019年3月指数	115.2	99.5	110.4	98.6	100.6	95.4	115.8	—

A. 12.75万元　　　　　　　　　　B. 30.74万元
C. 49.27万元　　　　　　　　　　D. 170.18万元

44. 对于给定暂估价的专业工程,属于依法必须招标的项目,对其招标过程描述正确的是(　　)。
  A. 承包人参加投标的工程,应由发包人作为招标人
  B. 承包人不参加投标的工程,应由承包人作为招标人,与组织招标工作的有关费用发包人另行支付
  C. 承包人参加投标的工程,应由发包人作为招标人,承包人与其他投标人平等竞争
  D. 承包人不参加投标的工程,应由承包人作为招标人,但评标委员会的组建需报送发包人批准

45. 在进行费用索赔计算时,材料费的索赔内容通常应包括(　　)。
  A. 由于工效降低或停工引起的材料使用量增加
  B. 承包人管理原因造成的材料损坏失效
  C. 发包人未及时支付材料预付款产生的罚息
  D. 由于发包人原因导致工程延期期间的材料价格上涨

46. 有关工期索赔时应注意的问题,下列表述中正确的是(　　)。
  A. 可原谅的延期对非关键路线工作的影响时间较长,超过了该工作可用于自由支配的时间,应给予相应的工期顺延
  B. 可原谅的延期通常都应给予相应的费用补偿
  C. 承包人的原因造成被延误的工作是处于施工进度计划关键线路上的施工内容,应给予相应的工期顺延
  D. 只有位于关键线路上工作内容的滞后,才会影响到竣工日期

47. 发包人在招标工程量清单中给定暂估价的材料和工程设备属于依法必须招标的,应由(　　)以招标的方式选择供应商。
  A. 发包方　　　　　　　　　　　B. 承包方
  C. 发包方或承包方　　　　　　　D. 发承包双方

48. 下列关于工程预付款的描述，正确的是（　　）。
A. 工程预付款通常只用于组织施工机械和人员进场
B. 工程预付款应在正式开工前预先支付
C. 工程预付款通常只用于购买工程施工所需的材料
D. 承包人领取预付款前，无需提交预付款担保

49. 工程预付款是由发包人按照合同约定，在正式开工前由发包人预先支付给承包人的款项，主要用途是（　　）。
A. 成立施工管理现场机构　　　　　　B. 用于作为工程款支付担保
C. 搭建施工所需的临时设施　　　　　D. 购买工程施工所需的材料

50. 在竣工结算时，若总承包服务费未经过调整，应依据（　　）金额计算。
A. 实际发生　　　　　　　　　　　　B. 合同约定
C. 发承包双方确认的　　　　　　　　D. 发承包双方签证资料确认

51. 质量保证金的总预留比例不得高于工程价款结算总额的（　　）。
A. 7%　　　　　　　　　　　　　　　B. 6%
C. 5%　　　　　　　　　　　　　　　D. 3%

52. 建设工程合同履行过程中会产生大量的纠纷，以下处理原则正确的是（　　）。
A. 建设工程施工合同无效，发包人不予支付工程价款
B. 垫资施工部分的工程价款结算，垫资利息按照中国人民银行发布的同期同类贷款利率计算
C. 当事人对工程量有争议的，按照施工过程中形成的签证等书面文件确认
D. 建设工程施工合同解除后，已经完成的建设工程质量合格的，发包人是否需按照约定支付相应的工程价款视合同解除的责任人而定

53. 对于合同被确认无效后的损失赔偿，下列表述中法院应予支持的是（　　）。
A. 一方当事人请求对方赔偿损失的，应由对方当事人就过错、损失大小、过错与损失之间的因果关系承担举证责任
B. 建设工程不合格造成的损失，不能追究发包人的民事责任
C. 修复后的建设工程经竣工验收不合格，承包人请求支付工程价款的
D. 发包人请求出借方与借用方对建设工程质量不合格等因出借资质造成的损失承担连带赔偿责任

54. 一方当事人对对方当事人已经签认的某一工程项目的计量结果有异议的，鉴定人应遵循的鉴定规则为（　　）。
A. 应对原计量结果进行复核
B. 当事人一方仅提出异议未提供具体证据的，按原计量结果进行鉴定
C. 应采用现场复核的方式重新核实计量结果
D. 提请委托人作出决定，并按照委托人作出的决定进行鉴定

55. 根据《标准设计施工总承包招标文件》的规定，暂估价（B）条款规定的内容是（　　）。
A. 签约合同价中不包括暂估价，按合同约定进行支付，不予调整价差

B. 签约合同价中不包括暂估价，按中标金额与价格清单中所列的金额差列入合同价格

C. 签约合同价中包括暂估价，按中标金额与价格清单中所列的金额差列入合同价格

D. 签约合同价中包括暂估价，按合同约定进行支付，不予调整价差

56. 根据《FIDIC施工合同条件》的规定，下列有关保留金返还的表述中正确的是（　　）。

　　A. 在缺陷通知期满后，承包商应立即将保留金列入支付报表

　　B. 如果"合同数据"中没有规定分项工程的价格比例，则应按照实际价格的比例对该分项工程保留金进行返还

　　C. 工程师签发工程接收证书后，承包商应立即将保留金列入支付报表

　　D. 在最后一个缺陷通知期届满后，承包商应立即将保留金的另一半列入支付报表

57. 根据《标准设计施工总承包招标文件》的规定，在进度付款申请单中，以下各项中不包括在当期根据支付分解表应支付金额的是（　　）。

　　A. 当期计量的已实施工程应支付价款　　B. 当期应支付的勘察设计费

　　C. 当期应支付的材料和工程设备费　　D. 当期应支付的技术服务培训费

58. 在竣工决算时，产权不归属本单位的待核销基建支出，应作为（　　）处理。

　　A. 转出投资　　　　　　　　　　　B. 建设成本

　　C. 其他投资　　　　　　　　　　　D. 待摊投资

59. 在竣工决算的审核内容中，审核"项目建设资金筹集是否符合国家有关规定"，属于审核内容中的（　　）。

　　A. 项目核算管理情况审核

　　B. 工程价款结算审核

　　C. 项目资金管理情况审核

　　D. 项目基本建设程序执行及建设管理情况审核

60. 某工业建设项目及其总装车间的建筑工程费、安装工程费，需安装设备费以及应摊入费用如下表所示，则总装车间新增固定资产价值为（　　）万元。

题60表　　　　　分摊费用计算表（单位：万元）

项目名称	建筑工程	安装工程	需安装设备	建设单位管理费	土地征用费	建筑设计费	工艺设计费
建设项目竣工决算	5000	800	1200	80	90	50	30
总装车间竣工决算	800	500	600				

A. 62.85　　　　　　　　　　　　B. 1900

C. 1962.85　　　　　　　　　　　D. 2150

二、多项选择题（共20题，每题2分。每题的备选项中，有2个或2个以上符合题意，至少有1个错项。错选，本题不得分；少选，所选的每个选项得0.5分）

61. 进口一台正常缴纳关税的机床，其进口从属费的构成为（　　）。

A. 银行财务费 B. 国际运费
C. 关税 D. 车辆购置税
E. 增值税

62. 当一般纳税人采用一般计税方法时，企业管理费中需要扣除增值税进项税额的是（　　）。
A. 固定资产使用费 B. 检验试验费
C. 工具用具使用费 D. 劳动保护费
E. 管理人员工资

63. 以下对于征地补偿费用的标准，正确的是（　　）。
A. 征用耕地的补偿费，为该耕地被征前三年产值的 4~6 倍
B. 凡在协商征地方案后抢种的农作物、树木等，一律不予补偿
C. 每一个需要安置的农业人口的安置补助费标准，为该耕地被征收前三年平均年产值的 6~10 倍
D. 每公顷被征收耕地的安置补助费，最高不得超过被征收前三年平均年产值的 15 倍
E. 土地补偿费和安置补助费的总和不得超过土地被征收前三年平均年产值的 30 倍

64. 根据《住房城乡建设部关于进一步推进工程造价管理改革的指导意见》（建标〔2014〕142 号）的要求，清单计价方式应满足的基本原则是（　　）。
A. 满足施工图完成后进行发包的需要
B. 建立多层次工程量清单
C. 满足不同设计深度、不同复杂程度、不同承包方式及不同管理需求下工程计价的需要
D. 满足技术设计完成后进行发包的需要
E. 满足初步设计完成后进行发包的需要

65. 在总承包服务费计价表的编制过程中，以下各项中应由招标人填写的是（　　）。
A. 项目名称 B. 服务内容
C. 计算基础 D. 费率
E. 金额

66. 当确定测时法的观察次数时，通常考虑的因素是（　　）。
A. 完成产品的可能次数 B. 算数平均值的精确度
C. 同时测定不同类型施工过程的数目 D. 被测定的工人人数
E. 数列的稳定系数

67. 施工仪器仪表台班单价中包括的内容有（　　）。
A. 台班折旧费 B. 台班维护费
C. 台班检修费 D. 台班校验费
E. 台班燃料动力费

68. 计算预算定额中的机械台班消耗量时，机械台班幅度差的内容一般包括（　　）。
A. 低负荷下工作时间
B. 正常施工条件下，机械在施工中不可避免的工序间歇

C. 施工本身造成的停工时间

D. 临时停机、停电影响机械操作的时间

E. 机械维修引起的停歇时间

69. 下列各项中属于BIM在施工阶段应用内容的是（　　）。

A. 项目各参与方人员在正式开工前就可以通过模型确定不同时间节点

B. 实现限额领料施工

C. 工程量自动计算和统计分析，形成准确的工程量清单

D. 设计模型的多专业一致性检查

E. 根据不同项目方案建立初步的建筑信息模型

70. 在确定项目建设规模时，通常采用的比选方法包括（　　）。

A. 最小成本法
B. 盈亏平衡产量法
C. 政府或行业规定
D. 生产能力平衡法
E. 最大收益法

71. 一个工程只允许调整一次概算，允许调整概算的原因包括（　　）。

A. 编制的招标控制价超过了概算
B. 项目建设期价格大幅度上涨
C. 竣工决算超过了设计概算
D. 政策调整
E. 地质条件发生重大变化

72. 单位工程施工图预算中的建筑安装工程费的主要编制方法包括（　　）。

A. 工料单价法
B. 综合单价法
C. 工程量清单单价法
D. 全费用单价法
E. 实物量法

73. 下列有关施工招标文件编制的描述，正确的是（　　）。

A. 当未进行资格预审时，招标文件中应包括投标邀请书

B. 评标办法可选择经评审的最低投标价法和综合评估法

C. 应包括本工程拟采用的通用合同条款、专用合同条款以及各种合同附件的格式

D. 如按照规定应编制招标控制价的项目，其招标控制价也应在招标时一并公布

E. 如果必须引用某一生产供应商的技术标准才能准确或清楚地说明拟建招标项目的技术标准时，则可直接引用

74. 下列情形中属于（而非视为）投标人之间相互串通投标的是（　　）。

A. 不同投标人委托同一单位或者个人办理投标事宜

B. 投标人之间约定中标人

C. 不同投标人的投标文件载明的项目管理成员为同一人

D. 投标人之间协商投标报价等投标文件的实质性内容

E. 投标人之间约定部分投标人放弃投标或者中标

75. 有关初步评审及标准的规定，下列表述中正确的是（　　）。

A. 对合同中规定的投标人的权利造成实质性限制属于显著的差异和保留

B. 对合同中规定的招标人的权利造成实质性限制属于显著的差异和保留

C. 对合同中规定的招标人的义务造成实质性限制属于显著的差异和保留

D. 对合同中规定的投标人的义务造成实质性限制属于显著的差异和保留

E. 需要评审施工设备、试验检测仪器设备是否符合有关标准

76. 在国际竞争性招标中，若采用两个信封制度，如果采购合同简单，则下列表述正确的是（   ）。

　　A. 技术标和商务标在一次开标会议上先后开启

　　B. 技术标和商务标在两次开标会议上分别开启

　　C. 商务标和技术标在一次开标会议上先后开启

　　D. 技术标和商务标在一次开标会议上同时开启

　　E. 技术上不符合要求的标书，其第二个信封不再开启

77. 当已标价工程量清单中没有适用也没有类似于变更工程项目，且工程造价管理机构发布的信息价格缺价的，承包人提出变更工程项目单价的依据包括（   ）。

　　A. 报价浮动率　　　　　　　　　B. 变更工程资料

　　C. 现场签证报告　　　　　　　　D. 计量规则

　　E. 通过市场调查等取得的有合法依据的市场价格

78. 根据《标准施工招标文件》中合同通用条款的规定，下列事件中承包人可以获得费用补偿，但通常不能获得工期和利润补偿的是（   ）。

　　A. 承包人提前竣工

　　B. 施工中发现文物、古迹

　　C. 工程移交后因发包人原因出现新的缺陷或损坏的修复

　　D. 提前向承包人提供材料、工程设备

　　E. 因发包人原因造成承包人人员工伤事故

79. 当计算工程预付款额度时，材料储备定额天数通常包括（   ）。

　　A. 在途天数　　　　　　　　　　B. 年度施工天数

　　C. 整理天数　　　　　　　　　　D. 工期天数

　　E. 保险天数

80. 下列各项中属于基本建设项目竣工财务决算表中资金来源项目的是（   ）。

　　A. 项目资本公积金　　　　　　　B. 企业债券资金

　　C. 应收票据　　　　　　　　　　D. 待冲基建支出

　　E. 货币资金

黑白卷

模拟题六

一、单项选择题（共 60 题，每题 1 分。每题的备选项中，只有一个最符合题意）

1. 在世界银行工程项目的总建设成本中，下列各项属于项目直接建设成本的是（　　）。
   A. 总部人员的薪金和福利费　　　　B. 临时设施及场地的维持费
   C. 开工试车费　　　　　　　　　　D. 国内运输费

2. 已知某进口设备货价为 300 万美元（美元与人民币的汇率为 1∶6.7），运费率为 5%，运输保险费率为 1.5%，外贸手续费率为 1.5%，则该进口设备的外贸手续费为（　　）万元。
   A. 30.15　　　　　　　　　　　　B. 32.13
   C. 31.66　　　　　　　　　　　　D. 32.14

3. 当一般纳税人采用一般计税方法时，材料单价中需要扣除增值税进项税额的是（　　）。
   A. 材料原价和运杂费　　　　　　　B. 材料原价和运输损耗费
   C. 运杂费和运输损耗费　　　　　　D. 运输损耗费和采购及保管费

4. 以下各项中属于安全文明施工费中文明施工费的是（　　）。
   A. 电气保护、安全照明设施费　　　B. 建筑工地起重机械的检验检测费用
   C. 工程防扬尘洒水费用　　　　　　D. 防煤气中毒、防蚊虫叮咬等措施费用

5. 在国外建筑安装工程费用中，施工用水、用电费通常属于（　　）。
   A. 材料费　　　　　　　　　　　　B. 开办费
   C. 施工机械费　　　　　　　　　　D. 管理费

6. 下列各项中应计入改扩建项目场地准备和临时设施费中的是（　　）。
   A. 场地平整费　　　　　　　　　　B. 生活临时设施建设费
   C. 拆除清理费　　　　　　　　　　D. 总图运输费用

7. 按项目所在地政府有关规定缴纳的绿化、人防等配套设施费用属于（　　）。
   A. 场地准备费　　　　　　　　　　B. 临时设施费
   C. 其他补偿费　　　　　　　　　　D. 市政公用配套设施费

8. 基本预备费的计取基础通常是（　　）。
   A. 工程费用　　　　　　　　　　　B. 建设投资
   C. 静态投资　　　　　　　　　　　D. 工程费用+工程建设其他费用

9. 下列关于价差预备费的表述，正确的是（　　）。
   A. 价差预备费一般按概算年份价格水平的投资额为基数，采用复利方法计算
   B. 价差预备费一般按估算年份价格水平的投资额为基数，采用单利方法计算

C. 价差预备费一般按估算年份价格水平的投资额为基数，采用复利方法计算

D. 价差预备费一般按概算年份价格水平的投资额为基数，采用单利方法计算

10. 在工程量清单的编制过程中，通常根据施工组织设计、施工规范、验收规范确定的内容是（　　）。

A. 计算工程量　　　　　　　　　B. 确定计量单位

C. 确定项目编码　　　　　　　　D. 确定项目序号

11. 根据定额的编制程序和用途分类，属于生产性定额的是（　　）。

A. 预算定额　　　　　　　　　　B. 施工定额

C. 概算定额　　　　　　　　　　D. 概算指标

12. 在招标文件中应包括招标工程量清单，其准确性和完整性应由（　　）负责。

A. 工程造价咨询人　　　　　　　B. 招标人

C. 招标代理人　　　　　　　　　D. 投标人

13. 对于计日工表的编制原则，以下表述中正确的是（　　）。

A. 计日工项目在结算时，应按发承包双方确认的实际数量计算合价

B. 计日工表项目名称由招标人填写，暂定数量由投标人填写

C. 计日工主要适用于发包人提成的工程合同范围以外的新增项目或工作

D. 投标时，计日工表的单价应根据招标人提供的金额填写

14. 在机器施工过程中，筑路机在工作区末端掉头所消耗的时间应属于（　　）。

A. 有效工作时间　　　　　　　　B. 不可避免的中断时间

C. 必须消耗的时间　　　　　　　D. 多余工作时间

15. 以施工现场积累的分部分项工程使用材料数量、完成产品数量、完成工作原材料的剩余数量等统计资料为基础，经过整理分析，获得材料消耗数据的方法是（　　）。

A. 现场技术测定法　　　　　　　B. 实验室试验法

C. 现场统计法　　　　　　　　　D. 理论计算法

16. 当同一种材料因来源地、交货地、供货单位、生产厂家不同而有几种原价时，通常采取加权平均的方法确定其综合单价，通常使用的权重是（　　）。

A. 不同来源地供货价格比例　　　B. 不同来源地存货数量比例

C. 不同来源地生产数量比例　　　D. 不同来源地供货数量比例

17. 已知某施工机械需要两人操作，年制度工作日为250天，年工作台班为230天，人工日工资单价为110元/工日，则台班人工费为（　　）元/台班。

A. 220　　　　　　　　　　　　B. 237.6

C. 239.13　　　　　　　　　　　D. 119.57

18. 以下各项中不属于预算定额作用的是（　　）。

A. 工程结算的依据　　　　　　　B. 编制概算定额的基础

C. 编制最高投标限价的依据　　　D. 编制投标报价的依据

19. 在投资估算指标的内容中，以下各项包括在单位工程指标中的是（　　）。

A. 工程建设其他费　　　　　　　B. 建筑安装工程费

C. 价差预备费　　　　　　　　　D. 生产家具购置费

20. 工程计价信息是由若干具有特定内容和同类性质的、在一定时间和空间内形成的一连串信息，这体现了工程计价信息的（　　）特点。
   A. 系统性   B. 多样性
   C. 专业性   D. 动态性

21. 在工程造价指标的使用中，属于"对已完或在建工程进行造价分析依据"的是（　　）。
   A. 用作编制投资估算的重要依据   B. 用作编制初步设计概算的重要依据
   C. 用作编制施工图预算的重要依据 D. 影响因素和风险分析

22. 在我国项目投资估算的阶段划分中，预可行性研究阶段投资估算的精度通常应控制在（　　）。
   A. ±5%   B. ±10%
   C. ±30%   D. ±20%

23. 以下对于项目可行性研究阶段投资估算的作用，表述正确的是（　　）。
   A. 是项目主管部门审批项目建议书的依据   B. 是项目投资决策的重要依据
   C. 是编制项目规划的参考依据   D. 是确定建设规模的参考依据

24. 某地 2019 年拟建一年产 30 万辆汽车的生产项目。根据调查，该地区 2015 年建设的年产 10 万辆相同类型汽车的已建项目的投资额为 5 亿元。生产能力指数为 0.75，2015—2019 年工程造价平均每年递增 8%，则新建项目的静态投资额为（　　）亿元。
   A. 16.74   B. 20.41
   C. 22.04   D. 15.51

25. 已知某项目投资估算有关数据如下：应收账款 150 万元，应付账款 80 万元，预收账款 50 万元，预付账款 30 万元，存货 200 万元，库存现金 60 万元。则该项目流动资金为（　　）万元。
   A. 310   B. 410
   C. 350   D. 210

26. 在进行建筑设计时，设计单位及设计人员应首先考虑的是（　　）。
   A. 业主所要求的建筑标准   B. 施工条件
   C. 施工过程的合理组织   D. 降低工程造价

27. 当用概算定额法编制设计概算时，在"列出单位工程中分部分项工程项目名称并计算工程量"步骤之后紧接着完成的工作是（　　）。
   A. 计算措施项目费   B. 确定分部分项工程费
   C. 编写概算编制说明   D. 计算汇总单位工程概算造价

28. 当采用概算定额法编制设计概算时，单位工程概算造价的汇总通常表现为（　　）。
   A. 单位工程概算造价＝分部分项工程费＋措施项目费＋其他项目费＋规费＋税金
   B. 单位工程概算造价＝分部分项工程费＋措施项目费＋其他项目费＋规费
   C. 单位工程概算造价＝分部分项工程费＋措施项目费＋其他项目费
   D. 单位工程概算造价＝分部分项工程费＋措施项目费

29. 在用工料单价法编制施工图预算时，计算主材费并调整直接费时，主材费的计算依据是（　　）。

A. 材料预算价格　　　　　　　　B. 材料信息价格
C. 当时当地的市场价格　　　　　D. 造价管理机构公布的材料价格

30. 在招标工程量清单编制的准备阶段，"确定需要设定的暂估价"应在（　　）工作中完成。

A. 现场踏勘　　　　　　　　　　B. 初步研究
C. 拟定常规施工组织设计　　　　D. 询价

31. 建设工程项目签约合同价的确定取决于发承包方式，对于直接发包的项目，如按初步设计概算投资包干的，应以（　　）为签约合同价。

A. 经审批的概算投资中与承包内容相应部分的投资（扣除相应的不可预见费）
B. 经审批的概算投资中与承包内容相应部分的投资（包括相应的不可预见费）
C. 审查后的总概算或综合预算
D. 中标时确定的金额

32. 确定招标控制价中的计日工时，下列表述中正确的是（　　）。

A. 材料应按工程造价管理机构发布的工程造价信息中的材料单价计算
B. 材料应按工程造价管理机构发布的工程造价信息中的材料单价计算，并考虑管理费和利润
C. 材料应按市场调查确定的单价计算
D. 材料应按市场调查确定的单价计算，并考虑管理费和利润

33. 对招标文件的澄清与修改，下列阐述错误的是（　　）。

A. 招标人对已发出的招标文件进行必要的修改，应当在投标截止时间15天前
B. 招标文件的澄清应指明澄清问题的来源
C. 投标人收到澄清后的确认时间，可以采用一个相对时间，也可以采用一个绝对的时间
D. 如果澄清发出的时间距投标截止时间不足15天，相应推后投标截止时间

34. 与招标工程量清单及招标控制价的编制相比，以下各项中属于投标报价特殊编制依据的是（　　）。

A. 招标文件
B. 招标工程量清单
C. 招标文件补充通知、答疑纪要
D. 国家或省级、行业建设主管部门颁发的计价定额

35. 投标报价过程中，确定分部分项工程和单价措施项目综合单价通常包括下列步骤：①分部分项工程人工、材料、施工机具使用费的计算；②计算综合单价；③确定计算基础；④分析每一清单项目的工程内容；⑤计算工程内容的工程数量与清单单位的含量。则下列排序中正确的是（　　）。

A. ④②⑤③①　　　　　　　　　B. ③⑤④①②
C. ③④⑤①②　　　　　　　　　D. ④⑤③②①

36. 在进行投标报价时，根据《建设工程工程量清单计价规范》GB 50500的建议，应

完全由发包人承担的风险是（　　）。

A. 施工机具使用费　　　　　　B. 材料、工程设备费

C. 人工费　　　　　　　　　　D. 管理费

37. 下列情形中评标委员会应否决其投标的是（　　）。

A. 采用了明显的不平衡报价策略

B. 招标文件未允许情况下，同一投标人提交两个以上不同的投标文件或者投标报价

C. 未对招标工程量清单的所有项目都进行报价

D. 投标总价金额与依据单价计算出的结果不一致

38. 招标人和中标人按照招标文件和中标人的投标文件订立书面合同的时间规定是（　　）。

A. 在投标有效期内并在自中标通知书发出之日起 30 天内

B. 在投标有效期内并在自中标通知书收到之日起 30 天内

C. 在投标有效期内并在自中标通知书发出之日起 15 天内

D. 在投标有效期内并在自中标通知书收到之日起 15 天内

39. 在进行工程总承包投标报价时，同时适用于确定管理费率、利润率和风险费率的方法是（　　）。

A. 定额估价法　　　　　　　　B. 历史数据法

C. 层次分析法　　　　　　　　D. 模糊综合评价法

40. 与国内的工程相比，在国际工程投标报价中施工机械台班单价的内容所不同的是不包括（　　）。

A. 折旧费　　　　　　　　　　B. 大修理费

C. 维修费　　　　　　　　　　D. 人工费

41. 对于不实行招标的建设工程，一般以（　　）作为基准日。

A. 建设工程发包前的第 28 天　　B. 建设工程询价前的第 28 天

C. 建设工程施工合同签订前的第 28 天　　D. 建设工程开工前的第 28 天

42. 任一计日工项目实施结束，承包人应按照确认的计日工现场签证报告核实该类项目的工程数量，若已标价工程量清单中没有该类计日工单价的，应（　　）。

A. 由监理人或造价工程师确认应采用的计日工单价

B. 根据当期工程造价管理机构发布的信息价确认应采用的计日工单价

C. 由工程造价管理机构确认应采用的计日工单价

D. 由发承包双方按工程变更的有关规定商定计日工单价计算

43. 由于发包人的原因使工程未在约定的时间内竣工的，对计划进度日期后继续施工的工程进行价格调整时，涉及计划进度日期价格指数与实际进度日期价格指数，则调整价格差额计算应采用（　　）。

A. 计划进度日期的价格指数

B. 计划进度日期的价格指数与实际进度日期的价格指数中较低的一个

C. 计划进度日期的价格指数与实际进度日期的价格指数的平均值

D. 计划进度日期的价格指数与实际进度日期的价格指数中较高的一个

44. 对于给定暂估价的专业工程，若属于依法必须招标的项目，在承包人不参加投标时，以下表述中正确的是（   ）。

　　A. 应由发包人作为招标人

　　B. 同等条件下，应优先选择承包人中标

　　C. 拟定的招标文件、评标方法、评标结果应报送发包人批准

　　D. 与组织招标工作有关的费用由发包人另行支付

45. 现场管理费的索赔包括承包人完成合同之外的额外工作以及由于发包人原因导致工程延期期间的现场管理费，现场管理费的计算通常应采取的方法包括（   ）。

　　A. 原始估价法　　　　　　　　　　B. 分部组合估价法

　　C. 地区平均水平法　　　　　　　　D. 综合单价法

46. 其他类合同价款调整事项主要指现场签证，下列主体中可与承包人或其授权现场代表就施工过程中涉及的责任事件做签认证明的是（   ）。

　　A. 授权的工程造价咨询人　　　　　B. 授权的招标代理人

　　C. 授权的项目经理　　　　　　　　D. 授权的审计人员

47. 因发生不可抗力事件导致工期延误的，工期相应顺延，若发包人要求赶工的，赶工费用的承担方式为（   ）。

　　A. 承包人承担　　　　　　　　　　B. 发包人承担

　　C. 发包人与承包人共同承担　　　　D. 发包人或承包人承担

48. 有关工程计量方法的选择，下列表述中正确的是（   ）。

　　A. 单价合同工程必须以清单约定的工程量确定

　　B. 采用工程量清单方式招标形成的总价合同，总价合同各项目的工程量是承包人用于结算的最终工程量

　　C. 采用经审定批准的施工图纸及其预算方式发包形成的总价合同，工程变更引起的工程量增减仍需重新计量

　　D. 总价合同约定的项目工程量应以合同工程经审定批准的工程量清单为依据

49. 确定工程预付款额度的依据一般包括（   ）。

　　A. 工程设备费用的占比　　　　　　B. 合同价款的类型

　　C. 预付款的扣回方式　　　　　　　D. 施工工期

50. 下列各项中属于竣工结算款支付申请的内容的是（   ）。

　　A. 本周期合计完成的合同价款　　　B. 应扣留的质量保证金

　　C. 本周期合计应扣减的金额　　　　D. 本周期实际应支付的合同价款

51. 有关质量保证金的预留和使用，系列表述正确的是（   ）。

　　A. 合同约定由承包人以银行保函替代预留质量保证金的，保函金额不得高于工程价款结算总额的5%

　　B. 在工程项目竣工前，已经缴纳履约保证金的，发包人不得同时预留工程质量保证金

　　C. 缺陷责任期内，应由承包人负责维修缺陷

　　D. 承包人维修并承担相应费用后，可免除对工程的损失赔偿责任

52. 对于工程欠款的利息支付，若建设工程未交付，同时工程价款也未结算，则利息从（ ）起计付。
   A. 当事人起诉之日   B. 法院作出判决之日
   C. 仲裁机构作出裁决之日   D. 欠款义务产生之日
53. 下列各种情形中，属于发包人应承担质量缺陷过错责任的是（ ）。
   A. 直接指定分包人分包专业工程
   B. 承包人购买，发包人检验的建筑材料不符合强制性标准
   C. 发包人要求承包人垫资施工的工程
   D. 发包人未按约定支付工程价款
54. 有关计价争议的鉴定，下列表述中正确的是（ ）。
   A. 合同中约定不执行人工费调整文件的，应按合同约定进行鉴定
   B. 合同中约定了物价波动可以调整，但没有约定风险范围和幅度的，按照价格指数法进行鉴定
   C. 合同中约定物价波动不予调整的，仍应对实行政府定价或政府指导价的材料按《合同法》的相关规定进行鉴定
   D. 当事人因工程变更导致工程数量变化，要求调整综合单价争议的，应按合同约定进行鉴定
55. 根据《标准设计施工总承包招标文件》的规定，计日工（B）条款规定的内容是（ ）。
   A. 签约合同价中不包括计日工，按合同约定进行支付，不再据实结算
   B. 签约合同价中不包括计日工，采用计日工计价的任何一项变更工作，应从暂列金额中支付
   C. 签约合同价中包括计日工，采用计日工计价的任何一项变更工作，应从暂列金额中支付
   D. 签约合同价中包括计日工，按合同约定进行支付，不再据实结算
56. 根据《FIDIC施工合同条件》的规定，针对工程材料和设备款的预支，工程师确认用于永久工程的材料和设备符合预支条件后，应当根据审查承包商提交的相关文件确定此类材料和设备的实际费用，其中支付证书中应增加的款额为该费用的（ ）。
   A. 60%   B. 70%
   C. 80%   D. 90%
57. 根据《标准设计施工总承包招标文件》的规定，下列关于质量保证金的表述正确的是（ ）。
   A. 质量保证金的计算额度包括预付款的支付、扣回以及价格调整的金额
   B. 承包人已经缴纳履约保证金的，发包人不得再预留质量保证金
   C. 监理人应从发包人的每笔进度付款中，按约定比例扣留质量保证金，直至签发工程接收证书为止
   D. 缺陷责任期满后不得延长
58. 根据《基本建设项目竣工财务决算管理暂行办法》（财建〔2016〕503）的规定，

经申请延长后,大型项目竣工财务决算的编制应不迟于项目完工可投入使用或者试运行合格后(   )个月。

A. 6
B. 9
C. 2
D. 3

59. 在竣工决算的审核内容中,审核"是否建立和执行法人责任制",属于审核内容中的(   )。

A. 项目核算管理情况审核
B. 工程价款结算审核
C. 项目资金管理情况审核
D. 项目基本建设程序执行及建设管理情况审核

60. 关于新增固定资产价值的计算,下列表述中正确的是(   )。

A. 属于新增固定资产价值的其他投资,应随同受益工程交付使用的同时一并计入
B. 附属辅助工程,在全部建成后,验收交付使用前就要计入新增固定资产价值
C. 分期分批交付使用的工程,应一次计算新增固定资产价值
D. 不需要安装的设备固定资产价值一般计算采购成本,及分摊的待摊投资

二、多项选择题(共20题,每题2分。每题的备选项中,有2个或2个以上符合题意,至少有1个错项。错选,本题不得分;少选,所选的每个选项得0.5分)

61. 下列各项中属于设备运杂费的是(   )。

A. 进口设备由我国到岸港口或边境车站起至工地仓库止发生的运费
B. 设备管理人员的差旅交通费
C. 国产设备由设备制造厂交货地点起至工地仓库止所发生的运费和装卸费
D. 国产非标准设备原价中包括的包装费
E. 设备供应部门检验试验费

62. 以下各项中属于建筑安装工程费企业管理费中税金的是(   )。

A. 增值税
B. 城市维护建设税
C. 教育费附加
D. 地方教育附加
E. 消费税

63. 在技术服务费中,下列内容中属于专项评价费的是(   )。

A. 可行性研究费
B. 环境影响评价费
C. 地震安全性评价费
D. 重大投资项目社会稳定风险评估费
E. 勘察设计费

64. 关于工程量清单的概念,下列表述中正确的是(   )。

A. 工程量清单是载明建设工程分部分项工程项目、措施项目、其他项目和规费税金项目的名称和相应数量的明细清单
B. 招标工程量清单应由具有编制能力的招标人编制
C. 采用工程量清单方式招标,招标工程量清单必须作为招标文件的组成部分
D. 招标工程量清单的准确性和完整性由招标人负责
E. 招标人编制的招标工程量清单也是一种已标价工程量清单

65. 关于分部分项工程项目清单的编制，以下表述中正确的是（   ）。
   A. 清单项目的工程量应考虑施工中的各种损耗及需要增加的工程量
   B. 项目编码按五级十二位编码设置
   C. 专业工程计量规范中的分项工程项目名称如有缺项，招标人可作补充，并报当地工程造价管理机构（省级）备案
   D. 项目特征一般应按照工程结构、使用材质及规格或安装内容等，予以详细而准确的表述和说明
   E. 计量单位应采用基本单位

66. 当确定写实记录法的延续时间时，通常考虑的因素是（   ）。
   A. 完成产品的可能次数   B. 算数平均值的精确度
   C. 同时测定不同类型施工过程的数目 D. 被测定的工人人数
   E. 数列的稳定系数

67. 下列各项中属于材料单价中材料运杂费的是（   ）。
   A. 调车和驳船费   B. 装卸费
   C. 运输损耗   D. 采购费
   E. 运输费

68. 在编制预算定额中的人工工日消耗量时，下列各项中属于其他用工的是（   ）。
   A. 完成定额计量单位的主要用工   B. 辅助用工
   C. 超运距用工   D. 人工幅度差
   E. 按劳动定额规定应增（减）的用工

69. 下列各项中属于 BIM 在竣工阶段应用内容的是（   ）。
   A. 实现限额领料施工
   B. 提高计算资料的完备性和准确性
   C. 设计模型的多专业一致性检查
   D. 查看变更前后的模型进行对比分析
   E. 提高结算效率

70. 在进行建设规模方案比选时，下列方法中属于生产能力平衡法的是（   ）。
   A. 最大工序生产能力法   B. 盈亏平衡产量法
   C. 平均成本法   D. 最小公倍数法
   E. 最大利润法

71. 在使用概算指标法编制设计概算时，若想直接套用概算指标编制概算，则拟建工程应在（   ）等方面与概算指标相同或相近。
   A. 消耗定额   B. 结构特征
   C. 地质及自然条件   D. 投资主体
   E. 建筑面积

72. 在用工料单价法编制施工图预算时，直接套用预算单价要求分项工程与预算单价或单位估价表在下列哪些内容上完全一致（   ）。
   A. 施工工艺   B. 名称

C. 规格 D. 项目特征

E. 计量单位

73. 若某项目招标过程未经资格预审，则施工招标文件中的内容应包括（　　）。

A. 投标邀请书 B. 发包人要求

C. 招标公告 D. 工程量清单

E. 技术标准和要求

74. 根据《招标投标法实施条例》的规定，以下各种情形中属于而非视为投标人相互串通投标的是（　　）。

A. 投标人之间约定中标人

B. 投标人之间约定部分投标人放弃投标或者中标

C. 投标人之间协商投标报价等投标文件的实质性内容

D. 不同投标人的投标文件相互混装

E. 不同投标人的投标文件载明的项目管理成员为同一人

75. 评标委员会可以书面方式要求投标人对投标文件中含意不明确的内容作必要的澄清、说明或补正，对于澄清、说明或补正需要遵循的原则，下列表述中正确的是（　　）。

A. 对同类问题表述不一致可以进行澄清、说明或补正

B. 允许投标人通过修正显著的差异或保留，使之成为具有响应性的投标

C. 评标委员会不接受招标人主动提出的澄清、说明或补正

D. 评标委员会可以提出对含意不明确部分提供几种可能的解释，由投标人进行选择

E. 评标委员会可向投标人明确投标文件中存在的遗漏和错误

76. 以下各项中，属于阶段性总承包的是（　　）。

A. 设计施工总承包 B. 设计采购施工总承包

C. 设计采购总承包 D. 采购施工总承包

E. 工程项目管理总承包

77. 因不可抗力导致了人员伤亡、财产损失及费用增加。以下损失中由发包人承担的是（　　）。

A. 已实施或部分实施的措施项目 B. 因工程损害导致第三方人员伤亡

C. 发包方人员伤亡 D. 工程所需清理、修复费用

E. 承包人为合同工程合理订购且已交付货款的材料和工程设备，但尚未运到工程现场

78. 有关费用索赔的计算，下列表述中正确的是（　　）。

A. 工程延期时，承包人办理各项保险的延期手续而增加的费用，可以向发包人提出索赔

B. 工程延期时，承包人办理履约保函的延期手续而增加的费用，可以向发包人提出索赔

C. 利息索赔时，利率标准应按照中国人民银行发布的同期同类贷款利率计算

D. 由于工程范围的变更、发包人提供的文件有缺陷或错误等事件引起的索赔，承包

人都可以列入利润

E. 分包人的索赔款项应当列入总承包人对发包人的索赔款额中

79. 承包人向发包人提交的竣工结算款支付申请的内容应包括（　　）。

A. 累计已完成的合同价款　　　　　　B. 累计已实际支付的合同价款

C. 本周期合计完成的合同价款　　　　D. 应扣留的质量保证金

E. 实际应支付的竣工结算款金额

80. 竣工财务决算说明书主要反映竣工工程建设成果和经验，是对竣工财务决算报表进行分析和补充说明的文件，内容主要包括（　　）。

A. 项目概（预）算执行情况及分析　　B. 尾工工程情况

C. 工程竣工造价对比分析　　　　　　D. 预备费动用情况

E. 项目结余资金分配情况

模拟题七

一、单项选择题（共60题，每题1分。每题的备选项中，只有一个最符合题意）

1. 在建设项目总投资中，为完成工程项目建设，在建设期内投入且形成现金流出的全部费用是（　　）。
   A. 工程造价　　　　　　　　　　B. 建设项目总投资
   C. 建设投资　　　　　　　　　　D. 工程费用

2. 进口设备增值税的计算，其组成计税价格应为（　　）。
   A. 关税完税价格
   B. 到岸价+关税
   C. 到岸价+关税+消费税
   D. 关税完税价格+关税+消费税+进口车辆购置税

3. 建筑安装工程费的企业管理费中，需要将办公费中增值税进项税额予以扣除，对接受的在线数据和交易处理服务应采用的税率为（　　）。
   A. 3%　　　　　　　　　　　　　B. 6%
   C. 11%　　　　　　　　　　　　D. 17%

4. 根据《房屋建筑与装饰工程工程量计算规范》GB 50854，下列各项中属于环境保护费的是（　　）。
   A. 土石方、建渣外运车辆防护措施费用　　B. 施工安全防护通道费用
   C. 工人的安全防护用品、用具购置费用　　D. 施工机具防护棚的费用

5. 在国外建筑安装工程费用中，以下各项属于管理费的是（　　）。
   A. 投标保函费　　　　　　　　　B. 材料预涨费
   C. 人员招雇解雇费　　　　　　　D. 运输损耗

6. 下列有关联合试运转费的表述中，正确的是（　　）。
   A. 联合试运转费中包括试运转中暴露出来的因施工缺陷发生的处理费用
   B. 试运转收入包括试运转期间的产品销售收入和其他收入
   C. 联合试运转费中包括试运转中暴露出来的因设备缺陷发生的处理费用
   D. 联合试运转费是对整个生产线负荷及无负荷所发生的费用净支出

7. 以下各项中属于专项评价费的是（　　）。
   A. 招标费　　　　　　　　　　　B. 监造费
   C. 节能评估费　　　　　　　　　D. 设计评审费

8. 在计算价差预备费时，年涨价率政府部门有规定的应按规定执行，没有规定的应（　　）。
   A. 由可行性研究人员预测　　　　B. 参照类似行业的水平

C. 按估算年份价格水平计算　　　　D. 参照市场平均水平估计

9. 某建设项目，建设期为3年，分年均衡进行贷款，第一年贷款500万元，第二年贷款1000万元，第三年贷款300万元，年利率为10%，建设期内利息当年支付，则该项目建设期利息为（　　）万元。

A. 25　　　　　　　　　　　　　　B. 102.5
C. 290　　　　　　　　　　　　　　D. 305.25

10. 下列有关工程量清单计价基本程序中综合单价的表述，正确的是（　　）。

A. 综合单价中应包括一定范围内的风险费用

B. 风险费用是用于化解承包方在工程合同中约定内容和范围内的市场价格波动风险的费用

C. 综合单价是指完成一个规定的分部分项工程清单项目所需的人工费、材料和工程设备费、施工机具使用费和企业管理费、利润

D. 风险费用应在已标价工程量清单综合单价中单独列项

11. 根据定额的编制程序和用途分类，项目划分程度最细的计价定额是（　　）。

A. 预算定额　　　　　　　　　　　B. 施工定额
C. 概算定额　　　　　　　　　　　D. 概算指标

12. 根据《建设工程工程量清单计价规范》GB 50500的规定，不属于必须采用工程量清单计价的范围是（　　）。

A. 全部使用国有资金投资的建设项目

B. 国家融资资金投资的建设项目

C. 国有资金（含国家融资资金）为主的建设项目

D. 使用国有资金投资的建设项目

13. 在总承包服务费计价表中，应由投标人自主报价的是（　　）。

A. 项目名称　　　　　　　　　　　B. 费率
C. 项目价值　　　　　　　　　　　D. 服务内容

14. 在机器施工过程中，汽车运输重量轻而体积大的货物所消耗的时间应属于（　　）。

A. 有效工作时间　　　　　　　　　B. 不可避免的中断时间
C. 不可避免的无负荷工作时间　　　D. 多余工作时间

15. 通过计时观察资料得知：人工挖三类土$1m^3$的基本工作时间为7小时，辅助工作时间占工序作业时间的2%。准备与结束工作时间、不可避免的中断时间、休息时间分别占工作日的3%、2%、18%。则该人工挖三类土的产量定额是（　　）m^3/工日。

A. 1.16　　　　　　　　　　　　　B. 1.14
C. 0.877　　　　　　　　　　　　 D. 0.862

16. 已知购买某种材料，原价为2000元/t，材料运杂费为50元/t（原价和运杂费均为不含税价格），运输损耗率为0.5%，采购保管费率为4%，则该材料单价中的采购保管费应为（　　）元/t。

A. 82　　　　　　　　　　　　　　B. 82.41

C. 80 D. 92.66

17. 对于下列不同的施工机械，其安拆费及场外运费应单独计算的是（　　）。
   A. 安拆简单、移动不需要起重及运输机械的轻型施工机械
   B. 安拆简单、移动需要起重及运输机械的轻型施工机械
   C. 安拆复杂、移动不需要起重及运输机械的重型施工机械
   D. 安拆复杂、移动需要起重及运输机械的重型施工机械

18. 在编制预算定额时，已知基本用工为10工日，辅助用工为2工日，超运距用工为1工日，人工幅度差系数为10%，则预算定额人工工日消耗量为（　　）工日。
   A. 14.0 B. 14.2
   C. 14.3 D. 14.1

19. 计算预算定额中的材料消耗量时，防水卷材的耗用量通常采用的计算方法是（　　）。
   A. 按设计图纸尺寸计算 B. 按规范要求计算
   C. 换算法 D. 测定法

20. 工程计价信息需要经常不断地收集和补充新的内容，进行信息更新，这体现了工程计价信息的（　　）特点。
   A. 系统性 B. 多样性
   C. 专业性 D. 动态性

21. 在工程造价指标的使用中，属于"作为拟建类似项目工程计价的重要依据"的是（　　）。
   A. 用作编制各类定额的基础资料 B. 用作编制初步设计概算的重要依据
   C. 用作编制施工图预算的重要依据 D. 影响因素和风险分析

22. 建设项目投资估算内容中，下列各项中属于总投资估算内容的是（　　）。
   A. 建设期利息估算 B. 各类费用构成占比分析
   C. 影响投资的主要因素 D. 工程投资比例分析

23. 采用朗格系数法编制投资估算时，精度不高的主要原因是（　　）。
   A. 项目生产规模的扩大方式不同 B. 设备购置费所占比重不足够大
   C. 不同地区自然地理条件的差异 D. 行业内相关系数不够完备

24. 某地2019年拟建一年产30万辆汽车的生产项目。根据调查，该地区2015年建设的年产10万辆相同类型汽车的已建项目的投资额为5亿元。生产能力指数为0.75，2015—2019年工程造价平均每年递增8%，该项目预计建设期3年，建设期预计保持同样的造价递增规律，则新建项目的静态投资额为（　　）亿元。
   A. 20.41 B. 19.53
   C. 25.71 D. 15.51

25. 以下关于流动资金的估算，描述正确的是（　　）。
   A. 流动资金估算可以分为分项详细估算法和扩大单价估算法
   B. 在不同生产负荷下的流动资金，可以按照100%生产负荷下的流动资金乘以百分比求得

C. 流动负债中包括应收账款和预付账款

D. 流动资金年平均占用额度为流动资金的年周转额度除以流动资金的年周转次数

26. 在民用住宅建筑设计的影响工程造价的各主要因素中，衡量住宅单元组成、户型和住户面积的指标主要是（　　）。

  A. 建筑周长系数　　　　　　　　B. 结构面积系数

  C. 建筑面积系数　　　　　　　　D. 单方造价系数

27. 针对建筑物的体积与面积，民用建筑设计应尽量减小（　　）。

  A. 建筑面积系数　　　　　　　　B. 结构面积系数

  C. 有效面积系数　　　　　　　　D. 使用面积系数

28. 与建设项目总投资相比，建设项目总概算在内容构成上的主要区别是包括（　　）。

  A. 生产或经营性项目铺底流动资金　　B. 工程建设其他费用

  C. 设备及工器具购置费　　　　　　　D. 建设期利息

29. 工料单价法与实物量法编制施工图预算有不同的步骤，体现在工料单价法包含（　　）步骤。

  A. 准备资料、熟悉施工图纸　　　　B. 编制工料分析表

  C. 列项并计算工程量　　　　　　　D. 计算其他各项费用，汇总造价

30. 在招标工程量清单编制的准备工作中，需要拟定常规施工组织设计，当拟定施工总方案时通常不需考虑的是（　　）。

  A. 关键工艺的原则性规定　　　　　B. 施工步骤

  C. 施工机械设备的选择　　　　　　D. 现场的平面布置

31. 关于招标工程量清单中分部分项工程量清单的编制，下列表述中正确的是（　　）。

  A. 项目特征描述不能直接采用详见××图集或××图号的方式

  B. 分部分项工程量清单的项目名称应按专业工程计量规范附录的项目名称确定

  C. 分部分项工程量清单的项目编码在同一招标工程中不得有重码

  D. 对补充项目的工程量计算规则，计算结果可以不唯一

32. 当招标人要求对分包的专业工程进行总承包管理和协调，并同时要求提供配合服务时，招标控制价中的总承包服务费应按分包的专业工程估算造价的（　　）计算。

  A. 1%~3%　　　　　　　　　　　　B. 3%~5%

  C. 5%~7%　　　　　　　　　　　　D. 7%~9%

33. 在编制招标工程量清单时，为拟订常规施工组织设计，通常采用的估算整体工程量的依据是（　　）。

  A. 概算指标　　　　　　　　　　　B. 估算指标

  C. 概算定额　　　　　　　　　　　D. 预算定额

34. 在投标报价过程中，汇总分部分项工程和措施项目清单与计价表、其他项目清单与计价汇总表以及规费税金项目计价表，可得到（　　）。

  A. 工程项目投标总价汇总表　　　　B. 单项工程投标报价汇总表

C. 单位工程投标报价汇总表　　　　D. 投标总价

35. 进行措施项目报价时，措施项目内容的确定依据主要是（　　）。
A. 招标人提供的措施项目清单
B. 招标人提供的措施项目清单和常规施工组织设计
C. 招标人提供的措施项目清单及在招标过程中的补充通知和答疑纪要
D. 招标人提供的措施项目清单和投标人投标时拟定的施工组织设计

36. 根据工程特点和工期要求，一般采取的方式是承包人承担（　　）以内的施工机具使用费风险。
A. 5%　　　　　　　　　　　　B. 15%
C. 20%　　　　　　　　　　　　D. 10%

37. 当采用经评审的最低投标价法进行详细评审时，中标候选人的推荐顺序应当是（　　）。
A. 按照技术标合格的投标报价由低到高的顺序推荐中标候选人
B. 经评审的投标价相等时，由招标人决定优选顺序
C. 经评审的投标价相等时，按照投标人提供的优惠性承诺决定优先顺序
D. 按照经评审的投标价由低到高的顺序推荐中标候选人

38. 根据《建筑工程施工发包与承包计价管理办法》（住房城乡建设部第 16 号令），下列关于合同价款类型选择描述正确的是（　　）。
A. 实行工程量清单计价的建筑工程，发承包双方应采用单价方式确定合同价款
B. 技术难度较低的建设工程，发承包双方可以采用成本加酬金方式确定合同价款
C. 建设规模较小的建设工程，发承包双方可以采用总价方式确定合同价款
D. 紧急抢险的建设工程，发承包双方应采用成本加酬金方式确定合同价款

39. 在进行工程总承包投标报价时，总部的日常开支在总承包项目上的分摊应计入（　　）。
A. 成本　　　　　　　　　　　　B. 公司本部费用
C. 施工费用　　　　　　　　　　D. 标高金

40. 国际工程投标报价时，人工工日单价就是指国内派出工人和当地雇用工人的平均工资单价，通常加权所用的比例是（　　）。
A. 工程用工量和两种工人人数所占比例
B. 工程量和两种工人完成工日所占比例
C. 工程用工量和两种工人完成工日所占比例
D. 工程量和两种工人人数所占比例

41. 在变更事件中，以下各项费用调整时不使用报价浮动率的是（　　）。
A. 分部分项工程费　　　　　　　B. 安全文明施工费
C. 单价计算的措施项目费　　　　D. 总价计算的措施项目费

42. 发包人通知承包人以计日工方式实施的零星工作，承包人应予执行。承包人在该项变更的实施过程中按合同约定提交报表和有关凭证，包括的内容有（　　）。
A. 发包人要求完成此项工作的变更通知

B. 完成工作的名称、内容和数量
C. 完成该工作应计取的管理费和利润
D. 投入该工作的措施项目名称、数量和金额

43. 当采用价格指数法调整价格差额时，若得不到现行价格指数的，可采取的方法是（　　）。
   A. 本期暂不调整
   B. 由承包人和发包人协商后进行调整
   C. 暂用上一次价格指数计算
   D. 估计现行价格指数后予以调整

44. 一般来说，承发包双方应当在合同中约定提前竣工奖励的最高限额，通常是（　　）。
   A. 合同价款的2%
   B. 合同价款的3%
   C. 合同价款的5%
   D. 合同价款的10%

45. 某工程合同价格为6000万元，计划工期是300天，施工期间因非承包人原因导致工期延误20天，若同期该公司承揽的所有工程合同总价为3亿元，计划总部管理费为2000万元，则承包人可以索赔的总部管理费为（　　）万元。
   A. 133.33
   B. 26.67
   C. 400
   D. 13.33

46. 当出现共同延误事件时，如果初始延误者是客观原因，则在客观因素发生影响的延误期内，承包人可以得到的补偿是（　　）。
   A. 不能获得补偿
   B. 工期延长
   C. 工期延长及费用补偿
   D. 工期延长、费用补偿及利润补偿

47. 当压缩的工期天数超过定额工期的20%时，应在招标文件中明示赶工费用，以下各项中不属于赶工费用中材料费的是（　　）。
   A. 不经济使用材料而损耗过大
   B. 材料提交交货可能增加的费用
   C. 材料运输费的增加
   D. 材料保管费的增加

48. 已知某工程项目承包工程合同总额为1000万，工程预付款为合同金额的20%，合同总额中主要材料及构件所占比重为50%，则起扣点为（　　）万元。
   A. 300
   B. 400
   C. 500
   D. 600

49. 已知某工程项目年度工程总价为1000万元，材料比例为40%，日历天按照365天计算，其中双休日共104天，法定假日11天。有关材料购买的系列时间包括：在途天数10天，加工天数5天，整理天数2天，供应间隔天数15天，保险天数10天，则按照公式法计算的工程预付款数额为（　　）万元。
   A. 67.20
   B. 46.03
   C. 64.37
   D. 43.84

50. 以下有关工程竣工结算的编制和审核的表述，正确的是（　　）。
   A. 竣工结算的编制应以竣工图为依据
   B. 暂列金额应减去工程价款调整金额计算，如有余额归发包人
   C. 计日工应按发包人提供的招标工程量清单中列示的数量计算

D. 合同工程实施过程中双方已经确认的工程计量结果，在竣工结算办理中应重新审核

51. 关于合同价款纠纷的解决途径，下列表述中错误的是（   ）。
A. 监理或造价工程师暂定属于合同价款纠纷解决的调解途径
B. 若监理或造价工程师做出了暂定结果，在暂定结果不实质影响发承包双方当事人履约的前提下，发承包双方应实施该结果，直到其按照双方认可的争议解决办法被改变为止
C. 若工程造价管理机构做出了解释，除工程造价管理机构的上级管理部门作出了不同的认定，或在仲裁裁决或法院判决中不予采信的外，该认定作为最终结果，对双方均有约束力
D. 若双方约定争议调解人做出了调解，除非并直到调解书在协商和解或仲裁裁决、诉讼判决中做出修改，或合同已经解除，承包人应继续按照合同实施工程

52. 当事人对欠付工程款利息计付标准没有约定的，按照（   ）计息。
A. 中国人民银行发布的同期同类存款利率
B. 中国人民银行发布的同期同类贷款利率
C. 中国人民银行发布的各类贷款利率中较高者
D. 中国人民银行发布的各类贷款利率中较低者

53. 若当事人签订的建设工程施工合同与中标通知书载明的工程价款不一致，以下表述中正确的是（   ）。
A. 应认定为施工合同无效，按无效合同的有关规定处理
B. 当事人请求中标通知书作为结算工程价款依据的，人民法院应予支持
C. 应以合同作为结算工程价款的依据
D. 双方应重新签订施工合同，并以新合同作为结算工程价款的依据

54. 当事人因材料价格发生争议的，鉴定人应提请委托人决定并按其决定进行鉴定，委托人未及时决定的，可采用的鉴定规则为（   ）。
A. 材料采购前未报发包人或其代表认质认价的，按合同约定的价格进行鉴定
B. 材料价格在采购前经发包人或其代表签批认可的，按合同约定的价格进行鉴定
C. 发包人认为承包人采购的材料不符合质量要求，不予认价的，应不予鉴定
D. 材料采购前未报发包人或其代表认质认价的，应按签批的材料价格进行鉴定

55. 根据《标准设计施工总承包招标文件》的规定，物价波动引起的调整（A）条款规定的内容是（   ）。
A. 当投标函附录没有约定价格指数和权重的情形时，采用造价信息调整价格差额
B. 当投标函附录约定了价格指数和权重的情形时，采用造价信息调整价格差额
C. 除法律规定或专用合同条款另有约定外，因物价波动引起的价格调整，采用造价信息调整价格差额
D. 除法律规定或专用合同条款另有约定外，合同价格不因物价波动进行调整

56. 根据《FIDIC施工合同条件》的规定，因工程量变更可以调整合同规定费率或价格的条件包括（   ）。

A. 该部分实际测量的工程量比工程量表或其他报表中规定的工程量的变动大于15%

B. 该部分工程工程量的变更与相对应费率的乘积超过了中标金额的0.1%

C. 该部分工程不是合同中规定的"固定费率项目"

D. 由于工程量的变更直接造成该部分工程每单位工程量费用的变动超过5%

57. 根据《FIDIC施工合同条件》的规定,承包商建议的变更主要包括( )。

A. 工程师征求承包商的建议以及承包商对"发包人要求"的合理化建议

B. 删减工程的变更以及承包商基于价值工程主动提出的建议

C. 工程师征求承包商的建议以及删减工程的变更

D. 工程师征求承包商的建议以及承包商基于价值工程主动提出的建议

58. 根据《基本建设项目竣工财务决算管理暂行办法》(财建〔2016〕503)的规定,经申请延长后,中、小型项目竣工财务决算的编制应不迟于项目完工可投入使用或者试运行合格后( )个月。

A. 6 B. 9

C. 5 D. 3

59. 在竣工决算的审核内容中,审核"有无概算外项目和擅自提高建设标准、扩大建设规模、未完成建设内容等问题",属于审核内容中的( )。

A. 项目核算管理情况审核

B. 项目基本建设程序执行及建设管理情况审核

C. 交付使用资产情况审核

D. 概(预)算执行情况审核

60. 下列各项中应按照安装工程造价比例进行分摊的是( )。

A. 土地征用费 B. 地质勘察费

C. 建设单位管理费 D. 生产工艺流程系统设计费

二、多项选择题(共20题,每题2分。每题的备选项中,有2个或2个以上符合题意,至少有1个错项。错选,本题不得分;少选,所选的每个选项得0.5分)

61. 在计算进口设备从属费时,以下各项中属于消费税计算基数的是( )。

A. 银行财务费 B. 关税完税价格

C. 关税 D. 消费税

E. 外贸手续费

62. 下列各项中属于安全文明施工费中文明施工费的是( )。

A. 工程防扬尘洒水费用 B. 现场围挡的墙面美化费用

C. 施工现场范围内的临时简易道路铺设 D. 搅拌台的搭设、维修和拆除费

E. 施工现场操作场地的硬化费用

63. 下列内容中属于建设单位管理费的是( )。

A. 劳动保护费 B. 工程监理费

C. 招募生产工人费 D. 工程总承包管理费

E. 竣工验收费

64. 项目特征是构成分部分项工程项目、措施项目自身价值的本质特征,通常项目特

征应按照（　　）予以详细而准确的表述和说明。
A. 工程结构　　　　　　　　　　B. 技术规范
C. 使用材质及规格　　　　　　　D. 安装位置
E. 标准图

65. 其他项目清单的具体内容主要取决于（　　）。
A. 市场价格的波动程度　　　　　B. 国家政策和法律法规的变化
C. 工程的工期长短　　　　　　　D. 工程的复杂程度
E. 发包人对工程管理要求

66. 施工过程的影响因素包括技术因素、组织因素和自然因素，下列因素中属于组织因素的是（　　）。
A. 构配件的类别　　　　　　　　B. 所用工具的型号
C. 施工方法　　　　　　　　　　D. 工资分配方式
E. 工人技术水平

67. 在计算台班检修费时，通常需要的基础数据包括（　　）。
A. 一次检修费　　　　　　　　　B. 大修理间隔台班
C. 检修次数　　　　　　　　　　D. 委外检修比例
E. 大修理周期

68. 机械台班幅度差是指在施工定额中所规定的范围内没有包括，而在实际施工中又不可避免产生的影响机械或使机械停歇的时间，内容包括（　　）。
A. 机械在施工中不可避免的工序间歇
B. 检查工程质量影响机械操作的时间
C. 气候条件引起的机械停工
D. 工程开工或收尾时工作量不饱满所损失的时间
E. 机器进行任务内和工艺过程内未包括的工作而延续的时间

69. 下列各项中属于工程计价信息的管理原则的是（　　）。
A. 区域性原则　　　　　　　　　B. 有效性原则
C. 高效处理原则　　　　　　　　D. 多样化原则
E. 时效性原则

70. 下列有关生产能力指数法的内容，表述正确的是（　　）。
A. 若拟建项目生产规模的扩大仅靠增大设备规模来达到时，x 的取值为 0.8~0.9
B. 在总承包工程报价时，承包商大多采用生产能力指数法
C. 若拟建项目生产规模的扩大仅靠增加相同规格设备的数量来达到时，x 的取值为 0.6~0.7
D. 若已建类似项目规模和拟建项目规模的比值在 0.5~2 时，x 的取值近似于 1
E. 生产能力指数的确定要结合行业特点确定，正常情况下为 $0<x<1$

71. 在住宅小区建设规划中影响工程造价的主要因素有（　　）。
A. 占地面积　　　　　　　　　　B. 住宅的层数
C. 建筑群体的布置形式　　　　　D. 住宅建筑结构的选择

E. 住宅单元组成、户型和住户面积

72. 施工图预算是建设工程建设程序中一个重要的技术经济文件，以下各项中属于施工图预算对施工企业作用的是（　　）。

　　A. 作为确定合同价款，办理工程结算的基础

　　B. 是投标报价的基础

　　C. 是安排调配施工力量、组织材料供应的依据

　　D. 是监督、检查执行定额标准的依据

　　E. 是控制工程成本的依据

73. 在招标工程量清单的编制过程中，分部分项工程量清单的工程量计算应遵循的原则是（　　）。

　　A. 计算口径一致　　　　　　　　B. 按实际施工量计算

　　C. 按工程量计算规则计算　　　　D. 按一定顺序计算

　　E. 按图纸计算

74. 进行措施项目投标报价时，措施项目的内容通常依据（　　）确定。

　　A. 招标人提供的措施项目清单

　　B. 常规施工方案

　　C. 设计文件

　　D. 与建设项目相关的标准、规范、技术资料

　　E. 投标人投标时拟定的施工组织设计或施工方案

75. 当采用经评审的最低投标价法完成评标后，评标委员会应当拟定一份"价格比较一览表"，并载明以下内容（　　）。

　　A. 投标人的投标报价　　　　　　B. 对技术偏差的调整

　　C. 对商务偏差价格的调整　　　　D. 对各评审因素的评估

　　E. 所做的任何修正

76. 在国际竞争性招标程序中，若采用两信封制度，则以下表述正确的是（　　）。

　　A. 投标人将技术标和商务标分别装入两个信封，并在两次开标会议上分别提交

　　B. 技术标的评比可能长至几个星期

　　C. 技术上不符合要求的标书，其商务标依然正常开启

　　D. 如果采购合同简单，技术标和商务标也可以在一次会议上同时开启

　　E. 第一次开标会时先开启技术性标书的信封

77. 在下列各项中，属于物价变化类合同价款调整事项的是（　　）。

　　A. 项目特征不符　　　　　　　　B. 物价波动

　　C. 提前竣工奖励　　　　　　　　D. 暂估价

　　E. 误期赔偿

78. 有关索赔的依据，下列表述中正确的是（　　）。

　　A. 国家法律、行政法规、地方性法规，都是工程索赔的法律依据

　　B. 国家、部门和地方有关规范，是工程索赔的依据

　　C. 工程建设的强制性标准，必须在合同中有明确规定的情况下，才能作为索赔的依据

D. 工程施工合同是工程索赔中最关键和最主要的依据

E. 发承包双方关于工程的洽商、变更等书面协议或文件，也是索赔的重要依据

79. 在合同价款纠纷的各解决途径中，其结果对承发包双方都有约束力的方式为（　　）。

A. 管理机构的解释或认定　　　　B. 协商达成一致

C. 仲裁　　　　　　　　　　　　D. 约定争议条件人进行调解

E. 诉讼

80. 根据《基本建设财务规则》（财政部第81号令）的规定，构成建设项目建设成本的是（　　）。

A. 待核销基建支出　　　　　　　B. 建筑安装工程投资支出

C. 设备工器具投资支出　　　　　D. 待摊投资支出

E. 转出投资支出

模拟题八

一、单项选择题（共60题，每题1分。每题的备选项中，只有一个最符合题意）

1. 已知某建设项目总投资中各项数据如下：设备、工器具购置费2000万元，建筑安装工程费3000万元，工程建设其他费1000万元，基本预备费率为5%。项目计划建设期3年，建设期前期为1年，预计年涨价率8%。流动资产600万元，流动负载150万元，则该项目的工程费用为（   ）万元。

   A. 5000   B. 6000
   C. 6300   D. 6750

2. 已知某进口设备FOB价为500万元人民币，银行财务费率为0.2%，外贸手续费率为1.5%，关税税率为10%，增值税率为13%，若该进口设备抵岸价为692.9万元，则该进口设备到岸价为（   ）万元人民币。

   A. 500   B. 557
   C. 550   D. 692.9

3. 以下各项中属于建筑安装工程费中劳动保护费的是（   ）。

   A. 集体福利费   B. 防暑降温饮料
   C. 冬季取暖补贴   D. 上下班交通补贴

4. 以下各可计量措施费中通常不以"m^2"作为计量单位的是（   ）。

   A. 施工排水、降水费   B. 垂直运输费
   C. 超高施工增加费   D. 脚手架费

5. 在国外建筑安装工程费用中，通常以单独列项形式体现在承包商投标报价中的是（   ）。

   A. 总部管理费   B. 开办费
   C. 利润   D. 税金

6. 关于工程建设其他费用中建设项目场地准备费的内容，下列说法中正确的是（   ）。

   A. 是指为满足施工建设需要而供到场地界区的临时水、电等工程费用
   B. 是指为使工程项目的建设场地达到开工条件，由建设单位组织进行的场地平整等准备工作而发生的费用
   C. 是指建设单位的现场临时建筑物的搭设费用
   D. 是指施工期间专用公路或桥梁的加固、养护、维修等费用

7. 以下各项中属于技术服务费的是（   ）。

   A. 工程造价咨询费   B. 业务招待费
   C. 竣工验收费   D. 技术图书资料费

8. 基本预备费费率的取值方式为（　　）。
   A. 由估算人员根据实际情况预测　　B. 执行国家及部门的有关规定
   C. 参照同区域同类型项目数据估计　　D. 执行项目所在地的有关规定

9. 某新建项目，建设期为2年，每年期初贷款，第一年贷款500万元，第二年贷款800万元，年利率为10%，建设期内利息只计息不支付，则第二年的建设期利息为（　　）万元。
   A. 135　　　　　　　　　　　　　B. 130
   C. 80　　　　　　　　　　　　　　D. 92.5

10. 工程计价的基本原理就在于（　　）。
    A. 工程造价的预测和工程价款的管理　　B. 工程计价的多次性
    C. 项目的分解与价格的组合　　D. 工程计价的复杂性

11. 对新型工程以及建筑产业现代化、绿色建筑、建筑节能等工程建设新要求，应（　　）。
    A. 及时制定新定额　　B. 全面修订定额
    C. 编制补充定额　　D. 局部修订定额

12. 在总价措施项目清单与计价表中，若承包人投标时均予以报价，则必须填写的项是（　　）。
    A. 计算基础　　B. 费率
    C. 备注　　D. 金额

13. 在编制材料（工程设备）暂估单价及调整表时，通常应由招标人填写的是（　　）。
    A. 暂估单价　　B. 确认单价
    C. 单价差额　　D. 确认合价

14. 当用计时观察法记录时间消耗时，适合用写实记录法研究而不适合用测时法研究的是（　　）。
    A. 循环组成部分工作时间消耗　　B. 基本工作时间
    C. 不可避免中断时间　　D. 准备与结束时间

15. 已知1砖墙的砂浆损耗率为5%，则每平方米砖墙砂浆的消耗量定额为（　　）。
    A. 0.226m^3　　B. 0.238m^3
    C. 0.235m^3　　D. 0.237m^3

16. 已知某材料（适用13%增值税率）采用两票制支付方式，其含税原价为1000元/t，含税运杂费为30元/t，运输损耗率为0.6%，采购及保管费率为5%，则该材料的采购及保管费为（　　）元/t。
    A. 45.85　　B. 51.81
    C. 47.53　　D. 45.90

17. 下列对安拆费及场外运费的说法，正确的是（　　）。
    A. 安装简单、移动需要起重及运输机械的轻型施工机械，其安拆费及场外运费应单独计算
    B. 安装复杂、移动需要起重及运输机械的重型施工机械，其安拆费及场外运费应计

入台班单价

C. 固定在车间的施工机械机械，其安拆费及场外运费单独计算

D. 自升式塔式起重机安装、拆卸费用的超高起点及其增加费，各地区（部门）可根据具体情况确定

18. 以下各项中属于预算定额人工消耗量中辅助用工的是（　　）。

A. 工序交接时对前一工序不可避免的修整用工

B. 电焊点火用工

C. 不可避免的其他零星用工

D. 隐蔽工程验收工作而影响工人操作的时间

19. 概算指标的表现形式可以分为综合指标和单项指标两种形式，单项概算指标的针对性较强，因此需对（　　）作介绍。

A. 工程专业类别　　　　　　　　B. 工程计量单位

C. 工程施工工艺　　　　　　　　D. 工程结构形式

20. 建筑生产受自然条件影响大，这体现了工程计价信息的（　　）特点。

A. 多样性　　　　　　　　　　　B. 专业性

C. 区域性　　　　　　　　　　　D. 季节性

21. 在工程造价指标的使用中，属于"作为反映同类工程造价变化规律的资料"的是（　　）。

A. 用作编制各类定额的基础资料　　B. 用作编制初步设计概算的重要依据

C. 用作编制施工图预算的重要依据　　D. 影响因素和风险分析

22. 在投资估算分析内容中，下列各项中属于费用构成占比分析的是（　　）。

A. 消防工程占项目总投资的比例

B. 室外管线工程占项目总投资的比例

C. 电气工程占项目总投资的比例

D. 建筑工程费占项目总投资的比例

23. 在混合法编制投资估算时，通常用来与生产能力指数法混合使用的是（　　）。

A. 比例估算法　　　　　　　　　B. 系数估算法

C. 设备系数法　　　　　　　　　D. 主体专业系数法

24. 当拟建建设项目与类似建设项目的主体工程费比重较大，行业内相关系数等基础资料完备时，常用的投资估算编制方法为（　　）。

A. 系数估算法　　　　　　　　　B. 比例估算法

C. 生产能力指数法　　　　　　　D. 混合法

25. 编制电气设备及自控仪表安装费估算时，以下各项中可以作为工程量单位的是（　　）。

A. 装机容量　　　　　　　　　　B. 立方米

C. 平方米　　　　　　　　　　　D. 设备原价

26. 有关设计概算的含义和作用，下列表述中正确的是（　　）。

A. 静态投资作为项目筹措、供应和控制资金使用的限额

B. 设计概算的编制内容包括静态投资和动态投资两个部分
C. 当出现超出原设计范围的重大变更时，报主管部门审批同意后，允许调整概算
D. 政府投资项目设计概算一经批准，将作为控制建设项目投资的最高限额

27. 当采用概算定额法编制设计概算的过程中，确定各分部分项工程费时使用的单价内容应包括（　　）。
A. 人工费、材料费、施工机具使用费、管理费和利润
B. 人工费、材料费、施工机具使用费、管理费、利润、规费和税金
C. 人工费、材料费、施工机具使用费、管理费、利润和风险费
D. 人工费、材料费和施工机具使用费

28. 当拟建工程初步设计与已完工程或在建工程的设计相类似而又没有可用的概算指标时可以采用（　　）编制设计概算。
A. 类似工程预算法　　　　　　B. 概算定额法
C. 扩大单价法　　　　　　　　D. 概算单价法

29. 在用工料单价法编制施工图预算时，收集编制施工图预算的编制依据主要包括（　　）。
A. 施工图纸　　　　　　　　　B. 设计变更
C. 施工组织设计　　　　　　　D. 市场材料价格

30. 当拟定常规施工组织设计时，通常需要对整体工程量进行估算的是（　　）。
A. 涂料　　　　　　　　　　　B. 幕墙
C. 混凝土　　　　　　　　　　D. 门窗

31. 在编制招标工程量清单的准备工作阶段，通常需要拟订常规施工组织设计，其中在拟订施工总方案时无须考虑的是（　　）。
A. 重大问题的原则性规定　　　B. 关键工艺的原则性规定
C. 施工机械设备的选择　　　　D. 施工步骤

32. 当招标人仅要求对分包的专业工程进行总承包管理和协调，招标控制价中的总承包服务费应按分包的专业工程估算造价的（　　）计算。
A. 1.5%　　　　　　　　　　　B. 3%~5%
C. 1%　　　　　　　　　　　　D. 7%~9%

33. 下列有关分部分项工程量清单编制的表述，正确的是（　　）。
A. 当同一招标项目中的不同单位工程中包含相同项目特征的分部分项工程量清单项目时，允许使用相同的项目编码
B. 分部分项工程量清单的项目名称应按照专业工程计量规范附录的项目名称确定
C. 即使采用施工图纸能够满足项目特征描述的需要，仍应用文字进行项目特征描述
D. 项目特征的描述应按附录中的规定，结合拟建工程的实际，满足确定综合单价的需要

34. 投标报价过程中，确定分部分项工程和单价措施项目综合单价时，确定计算基础主要的工作内容是（　　）。
A. 确定消耗量指标和生产要素单价　　B. 分析清单项目的工程内容

C. 计算工程内容的工程数量　　　　D. 计算清单单位含量

35. "投标保证金应当从投标人基本账户转出"的规定适合于下列何种情况（　　）。

　　A. 境外投标单位以现金形式提交的投标保证金

　　B. 境内投标单位以支票形式提交的投标保证金

　　C. 境内投标单位以银行保函形式提交的投标保证金

　　D. 境内投标单位以银行汇票形式提交的投标保证金

36. 招标文件中允许投标人提交备选投标方案的，评标时对投标人提交的备选投标方案的处理原则是（　　）。

　　A. 所有投标人所递交的备选投标方案均可予以考虑

　　B. 初步评审合格的投标人所递交的备选投标方案方可予以考虑

　　C. 只有中标候选人所递交的备选投标方案方可予以考虑

　　D. 只有中标人所递交的备选投标方案方可予以考虑

37. 在初步评审阶段，以下内容中属于形式评审标准的是（　　）。

　　A. 报价唯一　　　　　　　　　　B. 财务状况符合规定

　　C. 具备有效的安全生产许可证　　D. 分包计划符合招标文件的有关要求

38. 对于报价有算术错误的修正，应由（　　）按照有关原则对投标报价进行修正。

　　A. 招标人　　　　　　　　　　　B. 评标委员会

　　C. 投标人　　　　　　　　　　　D. 清标小组

39. 在工程总承包评标时，以下各项属于经评审的最低投标价法下初步评审标准而不属于综合评估法下初步评审标准的是（　　）。

　　A. 承包人建议书评审标准　　　　B. 形式评审标准

　　C. 资格评审标准　　　　　　　　D. 响应性评审标准

40. 采用经评审的最低投标价法进行工程总承包评标，在初步评审标准中不包括（　　）。

　　A. 响应性评审标准　　　　　　　B. 承包人建议书评审标准

　　C. 承包人实施方案评审标准　　　D. 资信业绩评审标准

41. 承包人若希望获得由于工程变更引起的措施项目费调整，应事先（　　）。

　　A. 将拟采用的报价浮动率报送发包人确认　B. 将拟变更的设计图纸报送发包人确认

　　C. 将拟实施的方案提交给发包人确认　　　D. 将拟变更的工程量报送发包人确认

42. 独立土方工程，招标文件中估计工程量为100万 m^3，合同约定：工程款按月支付并同时在该款项中扣留3%的工程质量保证金；土方工程为全费用单价，12元/m^3，当实际工程量超过估计工程量15%时，超过部分调整单价为10元/m^3。某月施工单位完成土方工程量25万 m^3，截至该月累计完成的工程量为120万 m^3，则该月应结工程款为（　　）万元。

　　A. 240万元　　　　　　　　　　　B. 250万元

　　C. 281.3万元　　　　　　　　　　D. 300万元

43. 当采用价格指数法调整价格差额时，现行价格指数的日期通常是指（　　）。

　　A. 承包人申请签发进度付款、竣工付款和最终结清等约定的付款证书的时间

B. 进度付款、竣工付款和最终结清等约定的付款证书的签发时间

C. 进度付款、竣工付款和最终结清等约定的付款证书后相关周期最后一天

D. 进度付款、竣工付款和最终结清等约定的付款证书后相关周期最后一天的前42天

44. 根据《标准施工招标文件》的规定，以下各项事件中，承包人可以获得工期和费用补偿，但不能获得利润补偿的是（   ）。

  A. 提前向承包人提供材料、工程设备　　B. 承包人提前竣工

  C. 施工中发现文物、古迹　　　　　　　D. 因发包人原因导致工程试运行失败

45. 已知承包人使用的某种自有施工机械台班单价为300元/台班，具体组成为折旧费100元/台班、检修费35元/台班、维护费20元/台班、安拆及场外运费15元/台班、人工费80元/台班，燃料动力费25元/台班，则当计算机械设备台班停滞费时，计算标准为（   ）元/台班。

  A. 100　　　　　　　　　　　　　　　B. 180

  C. 215　　　　　　　　　　　　　　　D. 205

46. 当现场签证的工作没有相应的计日工单价时，应当在现场签证报告中列明的内容是（   ）。

  A. 完成该签证工作所需的人工、材料、工程设备和施工机具台班的数量

  B. 完成该签证工作所需的人工、材料、工程设备和施工机具台班的数量及应支付的总价

  C. 完成该签证工作所需的人工、材料、工程设备和施工机具台班的数量及其单价

  D. 完成该签证工作所需的人工、材料、工程设备和施工机具台班的数量、单价及应支付的总价

47. 某施工合同中的工程内容由主体工程与附属工程两部分组成，两部分工程的合同额分别为1000万元和200万元。合同中对误期赔偿费的约定是：每延误一个日历天应赔偿2万元，且总赔偿费不超过合同总价款的5%，该工程主体工程按期通过竣工验收，附属工程延误60日历天后通过竣工验收，则该工程的误期赔偿费为（   ）万元。

  A. 2　　　　　　　　　　　　　　　　B. 20

  C. 50　　　　　　　　　　　　　　　　D. 120

48. 除按照工程变更规定引起的工程量增减外，采用经审定批准的施工图纸及其预算方式发包形成的总价合同，承包人用于结算的最终工程量应该是（   ）。

  A. 按照现行国家计量规范规定的工程量计算规则计算得到的工程量

  B. 承包人完成合同工程应予计量的工程量

  C. 招标工程量清单中列示的工程量

  D. 总价合同各项目的工程量

49. 在用起扣点计算公式 $T = P - \dfrac{M}{N}$ 确定起扣时间和扣回比例时，计算公式中的 M 通常是指（   ）。

  A. 起扣点　　　　　　　　　　　　　　B. 承包工程合同总额

  C. 工程预付款总额　　　　　　　　　　D. 主要材料及构件所占比重

50. 以下各项中不属于工程竣工结算编制主要依据的是（　　）。
   A. 竣工图   B. 工程合同
   C. 建设工程工程量清单计价规范   D. 投标文件
51. 当发现已签发的任何支付证书有错、漏或重复的数额，正确的处理方式是（　　）。
   A. 经发包人修正或承包人提出修正申请，应在本次到期的进度款中支付或扣除
   B. 经发包人修正或承包人提出修正申请，应在竣工结算款中支付或扣除
   C. 经发承包双方复核同意修正的，应在竣工结算款中支付或扣除
   D. 经发承包双方复核同意修正的，应在本次到期的进度款中支付或扣除
52. 根据《关于审理建设工程施工合同纠纷案件适用法律问题的解释》，当事人对垫资利息没有约定的，处理方式为（　　）。
   A. 按中国人民银行同期同类贷款利率计息
   B. 按中国人民银行同期同类存款利率计息
   C. 双方就是否支付利息重新协商
   D. 承包人请求支付利息的，不予支持
53. 若当事人就同一建设工程订立的数份建设工程施工合同均无效，以下表述中正确的是（　　）。
   A. 一方当事人请求参照最后签订的合同结算建设工程价款的，人民法院应予支持
   B. 一方当事人请求参照最早签订的合同结算建设工程价款的，人民法院应予支持
   C. 一方当事人请求参照招标文件、投标文件、中标通知书结算建设工程价款的，人民法院应予支持
   D. 一方当事人请求参照实际履行的合同结算建设工程价款的，人民法院应予支持
54. 当鉴定项目合同约定矛盾或鉴定事项中部分内容证据矛盾，委托人暂不明确要求鉴定人分别鉴定的，鉴定意见的类型为（　　）。
   A. 确定性意见   B. 部分确定性意见
   C. 推断性意见   D. 选择性意见
55. 根据《标准设计施工总承包招标文件》的规定，计日工（A）条款中约定，采用计日工计价的任何一项变更工作，承包人向监理人报送的报表和有关凭证应包括的内容是（　　）。
   A. 投入该工作所有人员的级别、耗用工时和人工单价
   B. 投入该工作的施工设备型号、台数、耗用台时和台班单价
   C. 投入该工作的材料类别和数量
   D. 应计取的管理费
56. 根据《FIDIC施工合同条件》的规定，因工程量变更可以调整合同规定费率或价格的条件包括（　　）。
   A. 该部分实际测量的工程量比工程量表或其他报表中规定的工程量的变动大于10%
   B. 该部分工程工程量的变更与相对应费率的乘积超过了中标金额的1%
   C. 该部分工程是合同中规定的"固定费率项目"
   D. 由于工程量的变更直接造成该部分工程每单位工程量费用的变动超过0.01%

57. 根据《FIDIC 施工合同条件》的规定，承包商基于价值工程提出的建议，在等待工程师做出答复期间，承包商应（   ）。

A. 暂停施工，直至工程师做出明确答复为止

B. 按照能为业主带来利益的方案工作

C. 不得延误任何工作

D. 进一步提交变更的具体实施方案

58. 关于中央项目竣工财务决算，中央项目主管部门本级以及不向财政部报送年度部门决算的中央单位的项目竣工财务决算，应由（   ）批复。

A. 中央项目主管部门　　　　　　　B. 财政部

C. 同级财政部门　　　　　　　　　D. 发展与改革部门

59. 在竣工决算的审核内容中，审核"是否正确按资产类别划分固定资产、流动资产、无形资产"，属于审核内容中的（   ）。

A. 项目核算管理情况审核

B. 项目基本建设程序执行及建设管理情况审核

C. 交付使用资产情况审核

D. 概（预）算执行情况审核

60. 下列各项中，应按其开发过程中的实际支出计算无形资产价值的是（   ）。

A. 非专利技术　　　　　　　　　　B. 专利权

C. 专有技术　　　　　　　　　　　D. 商标权

二、多项选择题（共 20 题，每题 2 分。每题的备选项中，有 2 个或 2 个以上符合题意，至少有 1 个错项。错选，本题不得分；少选，所选的每个选项得 0.5 分）

61. 在计算国产非标准设备原价时，废品损失费的计算基数通常包括（   ）。

A. 材料费　　　　　　　　　　　　B. 加工费

C. 外购配套件费　　　　　　　　　D. 专用工具费

E. 包装费

62. 有关建筑安装工程费用中的增值税，下列说法中正确的是（   ）。

A. 当采用一般计税方法时，计税基数为人工费、材料费、施工机具使用费、企业管理费、利润和规费之和，各费用项目均以不包含增值税可抵扣进项税额的价格计算

B. 当采用一般计税方法时，计税基数为人工费、材料费、施工机具使用费、企业管理费、利润和规费之和，各费用项目均以包含增值税可抵扣进项税额的价格计算

C. 是指按照国家税法规定的应计入建筑安装工程造价内的增值税销项税额

D. 当采用简易计税时，计税基数为人工费、材料费、施工机具使用费、企业管理费、利润和规费之和，各费用项目均以不包含增值税进项税额的含税价格计算

E. 当采用简易计税时，计税基数为人工费、材料费、施工机具使用费、企业管理费、利润和规费之和，各费用项目均以包含增值税进项税额的含税价格计算

63. 下列各项中属于技术服务费的是（   ）。

A. 工程保险费　　　　　　　　　　B. 技术经济标准使用费

C. 监造费　　　　　　　　　　　　D. 专利及专有技术使用费

E. 招标费

64. 在工程量清单编制过程中,暂列金额设立的目的在于下列哪些因素对于合同价格调整的影响(　　)。

　　A. 业主需求随工程建设进展出现的变化
　　B. 设计根据工程进展进行的优化和调整
　　C. 工程建设过程中存在的不能预见、不能确定的因素
　　D. 必然发生但暂时不能确定价格的材料、工程设备单价
　　E. 必然发生但暂时不能确定价格的专业工程金额

65. 编制措施项目清单时,以下各项中适用"项"为计量单位编制的是(　　)。

　　A. 安全文明施工费　　　　　　　　B. 大型施工机械进出场及安拆费
　　C. 二次搬运费　　　　　　　　　　D. 冬雨期施工增加费
　　E. 超高施工增加费

66. 施工过程的影响因素包括技术因素、组织因素和自然因素,下列因素中属于技术因素的是(　　)。

　　A. 构配件的类别　　　　　　　　　B. 所用工具的型号
　　C. 施工方法　　　　　　　　　　　D. 工资分配方式
　　E. 工人技术水平

67. 以下各项中属于机械台班单价维护费的是(　　)。

　　A. 保障机械正常运转所需替换与随机配备工具附具的摊销和维护费
　　B. 机械运转及日常保养所需润滑材料的费用
　　C. 恢复机械正常功能所需的费用
　　D. 机械停滞期间的维护和保养费用
　　E. 机械日常保养所需的擦拭材料费用

68. 设置概算定额的项目划分时,下列各项中属于按工程部位划分的是(　　)。

　　A. 门窗　　　　　　　　　　　　　B. 墙体
　　C. 屋盖　　　　　　　　　　　　　D. 土石方
　　E. 楼地面

69. 当用数据统计法编制工程造价指标时,需要从样本序列两端各去掉5%的边缘项目后进行加权平均计算的是(　　)。

　　A. 建设工程经济指标　　　　　　　B. 工料价格指标
　　C. 工程量指标　　　　　　　　　　D. 单项工程造价指标
　　E. 工料消耗量指标

70. 关于流动资金的估算,下列表述正确的是(　　)。

　　A. 对于存货中的外购原材料和燃料,要分品种和来源,考虑运输方式和运输距离,以及占用流动资金的比重大小等因素考虑其最低周转天数
　　B. 流动资金属于短期性流动资产,流动资金的筹措可以通过短期负债和资本金的方式解决
　　C. 用扩大指标估算法计算流动资金,应能够在经营成本估算之后进行

D. 在不同生产负荷下的流动资金，可以直接按照100%生产负荷下的流动资金乘以生产负荷百分比求得

E. 扩大指标估算法简便易行，但准确度不高，适用于项目建议书阶段的估算

71. 在民用住宅建筑设计中影响工程造价的主要因素有（　　）。

A. 占地面积　　　　　　　　　　B. 住宅的层数

C. 建筑群体的布置形式　　　　　D. 住宅建筑结构的选择

E. 住宅单元组成、户型和住户面积

72. 在工料单价法编制施工图预算过程中，下列工作中属于"收集编制施工图预算的编制依据"的是（　　）。

A. 收集现行建筑安装定额　　　　B. 收集现行取费标准

C. 收集施工图等基础资料　　　　D. 收集工程量计算规则

E. 收集施工现场情况

73. 关于招标控制价编制应遵循的规定，以下表述中正确的是（　　）。

A. 国有资金投资的项目应编制招标控制价，并应当拒绝高于招标控制价的投标报价

B. 招标投标监督机构和工程造价管理机构受理投诉后，应立即对招标控制价进行复查

C. 工程造价咨询人可以同时接受同一工程的招标控制价和投标报价的编制任务

D. 所公布的招标控制价不得进行上浮或下调

E. 国有资金投资的工程招标控制价原则上不能超过批准的设计概算

74. 下列关于确定分部分项工程和单价措施项目综合单价的注意事项，表述正确的是（　　）。

A. 当出现招标工程量清单特征描述与设计图纸不符时，投标人应以工程量清单为准确定投标报价的综合单价

B. 政府定价或政府指导价管理的原材料等价格进行的调整，发承包双方应在合同中约定合理的分摊范围和幅度

C. 发承包双方应当在招标文件或在合同中对市场价格波动导致的风险约定分摊的范围和幅度

D. 承包人管理费和利润的风险，发承包双方应在合同中约定合理的分摊范围和幅度

E. 暂估价材料应在投标报价中以其他项目的方式单独列出

75. 有关公示中标候选人的规定，表述正确的是（　　）。

A. 采用公开招标的项目，其中标候选人应进行公示

B. 投标人或其他利害关系人对评标结果有异议的，可直接向行政监督部门提出投诉

C. 招标人在确定中标人之前，应当将中标候选人在交易场所和指定媒体上公示

D. 招标人应当自收到评标报告之日起3日内公示中标候选人，公示期不得少于3日

E. 对有业绩信誉条件要求的项目，在投标报名或开标时提供的作为资格条件或业绩信誉情况，应一并进行公示

76. 与施工投标文件相比，总承包投标文件中的特殊内容是（　　）。

A. 联合体协议书　　　　　　　　B. 价格清单

C. 承包人建议书　　　　　　　　D. 投标保证金
E. 承包人实施计划

77. 因不可抗力事件导致的人员伤亡、财产损失及其费用增加，发承包双方承担工期和价款损失的原则是（　　）。

A. 因发生不可抗力事件导致工期延误的，工期相应顺延

B. 停工期间，承包人应发包人要求留在施工场地的必要的管理人员及保卫人员的费用由承包人承担

C. 发包人、承包人、第三方人员伤亡分别由其所在单位负责，并承担相应费用

D. 工程所需清理、修复费用，由发包人承担

E. 承包人的施工机械设备损坏及停工损失，可以向发包人要求补偿

78. 在计算机械设备台班停滞费时，如果机械设备是承包人自有设备，一般按（　　）之和计算。

A. 燃料动力费　　　　　　　　B. 台班折旧费
C. 人工费　　　　　　　　　　D. 其他费
E. 维护费

79. 根据最高人民法院《关于审理建设工程施工合同纠纷案件适用法律问题的解释》，施工合同无效的情况包括（　　）。

A. 承包人非法转包行为

B. 建设工程经竣工验收不合格

C. 承包人违法分包行为

D. 没有资质的实际施工人借用有资质的建筑施工企业名义与他人签订合同的行为

E. 发包人要求承包人垫资施工

80. 计算新增固定资产价值时需要进行共同费用的分摊，一般情况下，建设单位管理费的分摊基数应为（　　）之和。

A. 建筑工程费　　　　　　　　B. 工程建设其他费
C. 安装工程费　　　　　　　　D. 不需安装设备价值
E. 需安装设备价值

定心卷

模拟题九

一、单项选择题（共60题，每题1分。每题的备选项中，只有一个最符合题意）

1. 在建设项目总投资中，生产经营性建设项目为保证投产后正常的生产运营所需，并在项目资本金中筹措的自有流动资金是（　　）。

   A. 流动资产投资　　　　　　　　　B. 铺底流动资金

   C. 流动资产　　　　　　　　　　　D. 流动资金

2. 就国际贸易的各种交易价格而言，以下各种价格中费用划分与风险转移分界点相一致的是（　　）。

   A. 离岸价格　　　　　　　　　　　B. 运费在内价

   C. 到岸价格　　　　　　　　　　　D. 抵岸价格

3. 已知某类项目年平均企业管理费为300万元，消耗生产工人400名，年有效施工天数为240天，人工日工资单价为120元/工日，项目年均直接费为2000万元。则以直接费为计算基础的企业管理费费率为（　　）。

   A. 26%　　　　　　　　　　　　　B. 13%

   C. 10%　　　　　　　　　　　　　D. 15%

4. 关于各应予计量措施费的计算，以下表述中正确的是（　　）。

   A. 混凝土模板及支架（撑）费通常是按照模板面积以平方米计算

   B. 排水、降水费用通常按照排、降水日历天数按天计算

   C. 超高施工增加费通常按照建筑面积按平方米计算

   D. 脚手架费可按照建筑面积以平方米计算

5. 下列各项中可以选择适用一般计税方法计税的是（　　）。

   A. 一般纳税人以清包工方式提供的建筑服务

   B. 小规模纳税人发生应税行为

   C. 建筑工程总承包单位为房屋建筑的地基与基础提供工程服务

   D. 建筑工程总承包单位为房屋主体结构提供工程服务

6. 根据国家发展改革委关于《进一步放开建设项目专业服务价格的通知》（发改价格〔2015〕299号）文件的规定，下列各项费用中应采用市场调节价的是（　　）。

   A. 市政公用配套设施费　　　　　　B. 专项评价费

   C. 场地准备及临时设施费　　　　　D. 工程保险费

7. 关于生产准备费的计算，下列公式中正确的是（　　）。

   A. 生产准备费=设计定员×生产准备费指标（元/人）

   B. 生产准备费=工程费用×生产准备费费率

   C. 生产准备费=（工程费用+工程建设其他费用）×生产准备费费率

D. 生产准备费=（设备工器具购置费+建筑安装工程费）×生产准备费费率

8. 以下各项中包含在价差预备费中的是（　　）。

A. 技术设计、施工图设计及施工过程中所增加的工程费用

B. 一般自然灾害造成的损失

C. 工程建设其他费用调整

D. 不可预见的地下障碍物处理的费用

9. 某新建项目，建设期为3年，每年期初贷款，第一年贷款300万元，第二年贷款600万元，第三年贷款400万元，年利率12%，建设期内利息当年支付，则建设期利息为（　　）万元。

A. 18　　　　　　　　　　　　　B. 300

C. 235.22　　　　　　　　　　　D. 74.16

10. 下列各项中属于工程造价管理基础标准的是（　　）。

A. 建设工程造价咨询成果文件质量标准　B. 建设工程人工材料设备机械数据标准

C. 建设工程造价指标指数分类与测算标准　D. 工程造价术语标准

11. 对于工程建设中出现的新技术、新工艺、新材料、新设备等情况，应根据工程建设需求及时（　　）。

A. 制定新定额　　　　　　　　　B. 全面修订定额

C. 编制补充定额　　　　　　　　D. 局部修订定额

12. 根据我国现行的清单项目编码规则，第三级编码代表的含义是（　　）。

A. 分部工程顺序码　　　　　　　B. 分部工程项目名称顺序码

C. 附录分类顺序码　　　　　　　D. 附录分类项目名称顺序码

13. 计日工通常适用于在现场发生的（　　）计价。

A. 变更工作　　　　　　　　　　B. 零星工作

C. 新增工作　　　　　　　　　　D. 额外工作

14. 当运用工作日写实法检查定额执行情况时，通常需要测定（　　）次。

A. 1~3　　　　　　　　　　　　B. 2~4

C. 3~4　　　　　　　　　　　　D. 3~5

15. 挖土方采用斗容量300L的挖掘机，每一次循环中，挖土、回转、卸土、返回、等待需要的时间分别为30秒、15秒、10秒、5秒、5秒，各组成部分有5秒的交叠时间，机械时间利用系数为0.85，则该挖掘机台班时间定额为（　　）台班/m³。

A. 122.4　　　　　　　　　　　B. 113.0

C. 0.009　　　　　　　　　　　D. 0.008

16. 对于不需安拆的施工机械，并且不需相关机械辅助运输的自行移动机械，其安拆费及场外运费的计算方式为（　　）。

A. 不计算　　　　　　　　　　　B. 计入台班单价

C. 单独计算　　　　　　　　　　D. 计入措施费

17. 以下各项费用中不属于机械台班单价中维护费的是（　　）。

A. 保障施工机械正常运转所需替换工具附具的摊销和维护费

B. 机械运转及日常保养所需润滑与擦拭的材料费用

C. 机械停滞期间的维护和保养费

D. 恢复机械正常功能所需的费用

18. 与预算定额相比，概算定额的不同之处主要在于（　　）。

A. 表达的主要内容不同
B. 表达的主要方式不同
C. 基本使用方法不同
D. 项目划分和综合扩大程度上的差异

19. 建设项目综合投资估算指标的主要表现形式是（　　）。

A. 单项工程生产能力单位投资表示
B. 项目的综合工程量指标表示
C. 单项工程综合工程量指标表示
D. 项目的综合生产能力单位投资表示

20. 在人工价格信息中，按照建筑工程的不同划分标准为对象，反映的人工价格信息是（　　）。

A. 建筑工程实物工程量人工价格信息
B. 建筑工种人工成本信息
C. 建筑工程实物工程量人工成本信息
D. 建筑工种人工价格信息

21. 当采用单项工程造价指数加权汇总编制成建设工程造价综合指数时，通常选择的权重指标为（　　）。

A. 建设规模
B. 消耗量
C. 投资额
D. 工程量

22. 以下各项中属于投资估算编制说明内容的是（　　）。

A. 分析影响投资的主要因素

B. 资金筹措方式

C. 与类似工程项目的比较、对投资总额进行分析

D. 主要技术经济指标

23. 在比例估算法编制投资估算时，比例通常是指（　　）。

A. 拟建项目主要设备购置费占已建项目静态投资的比例

B. 已建项目主要设备购置费占已建项目静态投资的比例

C. 已建项目主要设备购置费占拟建项目静态投资的比例

D. 拟建项目主要设备购置费占拟建项目静态投资的比例

24. 在可行性研究阶段采用指标估算法进行建筑工程费用估算时，适合用于桥梁工程的单位是（　　）。

A. km
B. 100m² 桥面
C. m
D. 100m² 断面

25. 下列单位安装工程中，采用设备原价为基数乘以设备安装费率来编制安装工程费估算的是（　　）。

A. 工艺非标准件安装工程
B. 工艺设备安装工程
C. 金属结构安装工程
D. 工业炉窑砌筑安装工程

26. 有关设计概算的调整，下列表述中正确的是（　　）。

A. 发生超出原设计范围的重大变更，可以申请调整概算

B. 调整概算应向项目主管部门提出申请

C. 一个工程只允许调整一次概算

D. 概算调整幅度不得超过原批复概算的百分之十

27. 若直接套用概算指标编制概算，拟建工程应满足的条件是（　　）。

A. 拟建工程建设地点与概算指标中的建设地点基本相同

B. 拟建工程的建筑面积与概算指标中的建筑面积基本相同

C. 拟建工程的结构特征与概算指标中的结构特征基本相同

D. 拟建工程的建设时间与概算指标中的建设时间基本相同

28. 已知某进口设备，原价为 100 万美元（汇率为 1∶6.5），同类设备安装费率为 5%。该设备吨重 30t，每吨设备安装费指标为 1.2 万元/t，则该进口设备的安装费为（　　）万元。

A. 36　　　　　　　　　　　　B. 32.5

C. 34.3　　　　　　　　　　　D. 34.5

29. 实物量法与定额单价法相比较，最主要的不同是（　　）。

A. 计算对象是建筑安装工程费

B. 以单位工程为基本的编制单元

C. 计算工程量的方法

D. 采用当时当地的各类人工工日、材料和施工机具台班的实际单价

30. 招标工程量清单编制时，除工程本身的因素外，措施项目清单编制需考虑的因素还涉及（　　）。

A. 水文、气象、发包范围等因素

B. 安全、环境、工程变更等因素

C. 水文、气象、环境、安全、发包范围等因素

D. 水文、气象、环境、安全等因素

31. 在招标文件的各项内容中，下列各项中属于投标邀请书的是（　　）。

A. 投标文件格式　　　　　　　B. 投标文件的递交

C. 投标准备时间　　　　　　　D. 是否允许提交备选投标方案

32. 有关招标文件编制的内容和程序，下列表述中正确的是（　　）。

A. 投标人须知前附表内容如与投标人须知正文相抵触，应以投标人须知前附表内容为准

B. 投标准备时间是指自招标文件发放结束之日起至投标人提交投标文件截止之日止的期限

C. 招标文件的澄清需要指明澄清问题的来源

D. 招标文件中要求的技术标准和要求不得标明某一特定的商标

33. 在编制分部分项工程量清单时，下列表述中正确的是（　　）。

A. 分部分项工程量清单的项目名称应按专业工程计量规范附录单位项目名称确定

B. 若采用标准图集或施工图纸能够满足项目特征描述要求的，项目特征描述仍需要用文字详细描述

C. 同一招标工程的项目编码不得有重码

D. 当附录中有两个或两个以上计量单位的，应按照计量规范的规定选择其中一个

34. 下列各项中属于投标报价前期工作的是（　　）。
A. 询价　　　　　　　　　　　　B. 复核工程量
C. 收集投标信息　　　　　　　　D. 调查工程现场

35. 有关投标有效期的规定，下列表述中正确的是（　　）。
A. 投标有效期从投标截止时间起开始计算，至双方签订合同时结束
B. 一般项目投标有效期为60天
C. 投标保证金的有效期应与投标有效期保持一致
D. 投标有效期的长短需考虑组织清标小组进行清标的时间

36. 投标保证金不予返还的情形包括（　　）。
A. 投标人在规定的投标有效期内撤回投标文件
B. 招标人通知延长投标有效期但投标人拒绝延长
C. 投标人在规定的投标有效期内修改投标文件
D. 投标人的投标文件未经投标单位盖章和单位负责人签字

37. 有关对投标文件的澄清和说明，以下表述中正确的是（　　）。
A. 为有利于投标文件的澄清和说明，评标委员会可向投标人明确投标文件中的遗漏和错误
B. 澄清和说明不得超出投标文件的范围或者改变投标文件的实质性内容
C. 投标人发现遗漏和错误主动提出的澄清和说明评标委员会可以接受
D. 允许投标人修正或撤销其不符合实质性要求的差异或保留，使之成为具有响应性的投标

38. 对于具有通用技术、性能标准或者招标人对其技术、性能没有特殊要求的招标项目，通常采用的评标方法是（　　）。
A. 综合评估法　　　　　　　　　B. 最低价中标法
C. 经评审的最低投标价法　　　　D. 合理低标价法

39. 当采用经评审的最低投标价法进行工程总承包评标时，考虑的量化因素主要是（　　）。
A. 单价遗漏　　　　　　　　　　B. 同时投多标段的评标修正
C. 付款条件　　　　　　　　　　D. 工期提前的评标修正

40. 工程总承包投标报价的组成通常是（　　）。
A. 成本、利润和风险费　　　　　B. 成本和利润
C. 施工费用和管理费　　　　　　D. 成本和标高金

41. 在变更引起分部分项工程项目发生变化，组价时对报价浮动率描述正确的是（　　）。
A. 已标价工程量清单中没有适用但有类似于变更工程项目的，承包人根据变更工程资料、计量规则和计价办法和信息价组价时，应考虑报价浮动率
B. 已标价工程量清单中没有适用但有类似于变更工程项目的，承包人根据变更工程资料、计量规则和计价办法和市场价格组价时，应考虑报价浮动率
C. 已标价工程量清单中没有适用也没有类似于变更工程项目的，承包人根据变更工

程资料、计量规则和计价办法和市场价格组价时，应考虑报价浮动率

D. 已标价工程量清单中没有适用也没有类似于变更工程项目的，承包人根据变更工程资料、计量规则、计价办法和信息价组价时，应考虑报价浮动率

42. 在建设项目施工过程中，若出现招标工程量清单中措施项目缺失，则正确的处理方式是（　　）。

A. 由于承包人未能在投标时对措施项目清单进行合理增补，责任由承包人承担

B. 按照工程变更事件中关于分部分项工程费的调整方法，调整合同价款

C. 视为招标工程量清单不完整，责任由发包人和承包人共同承担

D. 承包人应将新增措施项目实施方案提交发包人批准后，按工程变更的原则调整合同价款

43. 当采用价格指数法调整价格差额时，基本价格指数通常是指（　　）。

A. 承包人申请签发进度付款、竣工付款和最终结清等约定的付款证书的时间

B. 进度付款、竣工付款和最终结清等约定的付款证书的签发时间

C. 实行招标的工程，应为施工合同签订前第28天的各可调因子的价格指数

D. 基准日的各可调因子的价格指数

44. 当不可抗力发生之后，以下损失应由承包人负担的是（　　）。

A. 运至施工场地用于施工的材料和待安装的设备损害

B. 工程所需清理、修复费用

C. 因工程损害导致第三方人员伤亡

D. 承包人的施工机械设备损坏

45. 根据《标准施工招标文件》（2007版）的规定，下列各项事件中，承包人可以获得费用补偿的是（　　）。

A. 异常恶劣气候条件导致的延误　　B. 因不可抗力造成工期延误

C. 基准日后法律的变化　　D. 承包人采购的材料未能及时到货

46. 根据《标准施工招标文件》（2007版）的规定，下列各项中属于工程变更的是（　　）。

A. 取消合同中任何工作，但取消后的工作转由他人实施

B. 增加或减少合同中任何工作

C. 改变已批准的施工工艺或顺序

D. 改变投标文件中的环境保护措施

47. 可以作为发包人授权的现场代表与承包人或其授权现场代表进行现场签证的是（　　）。

A. 工程造价咨询人　　B. 项目经理

C. 注册建造师　　D. 建筑师

48. 预付款担保是指承包人与发包人签订合同后领取预付款前，承包人正确、合理使用发包人支付的预付款而提供的担保，主要形式是（　　）。

A. 履约担保书　　B. 银行保函

C. 现金　　D. 保兑支票

49. 在用起扣点计算公式 $T = P - \dfrac{M}{N}$ 确定起扣时间和扣回比例时，计算公式中的 N 通常是指（   ）。

　　A. 起扣点　　　　　　　　　　　　　B. 承包工程合同总额
　　C. 工程预付款总额　　　　　　　　　D. 主要材料及构件所占比重

50. 工程造价咨询机构应在规定期限内对竣工结算核对完毕，不一致的应提交给承包人复核，工程造价咨询机构收到承包人提出的异议后，应再次复核，复核后仍有异议的，应（   ）。

　　A. 继续复核，直至双方达成一致为止
　　B. 有异议的部分以监理或造价工程师裁定的结果为准
　　C. 委托另一家工程造价咨询机构继续核对
　　D. 对于无异议部分办理不完全竣工结算

51. 有关竣工结算审核的规定，下列表述中正确的是（   ）。

　　A. 国有资金投资建设工程的发包人，应当委托具有相应资质的工程造价咨询企业对竣工结算文件进行审核
　　B. 发承包双方对复核结果均无异议之后，才可以办理全部工程的完全竣工结算
　　C. 承包人逾期未对复核结果提出书面异议的，视为竣工结算文件未被承包人认可
　　D. 工程造价咨询机构从事竣工结算审核工程的准备阶段包括召开审核会议等工作内容

52. 按照最高人民法院《关于审理建设工程施工合同纠纷案件适用法律问题的解释》的规定，若当事人对垫资没有约定的，按照（   ）处理。

　　A. 是否存在垫资事实认定　　　　　　B. 不考虑垫资利息
　　C. 工程欠款　　　　　　　　　　　　D. 施工合同无效

53. 当事人对欠付工程价款利息的计息日的确定，遵循的原则是（   ）。

　　A. 建设工程交付之日　　　　　　　　B. 提交竣工结算文件之日
　　C. 合同中约定的应付工程价款之日　　D. 当事人起诉之日

54. 在鉴定过程中，对鉴定项目当事人相互协商一致，达成的书面妥协性意见应纳入（   ）。

　　A. 确定性意见　　　　　　　　　　　B. 部分确定性意见
　　C. 推断性意见　　　　　　　　　　　D. 选择性意见

55. 根据《标准设计施工总承包招标文件》的规定，在招标文件中给定的，用于在签订协议书时尚未确定或不可预见变更的设计、施工及其所需材料、工程设备、服务等的金额属于（   ）。

　　A. 暂估价　　　　　　　　　　　　　B. 暂列金额
　　C. 计日工　　　　　　　　　　　　　D. 预留金

56. 根据《FIDIC 施工合同条件》的规定，当工程师确认用于永久工程的材料和设备符合预支条件后，期中支付证书中应增加的款额为（   ）。

　　A. 此类材料和设备的实际费用（不包括运至现场的费用）的 80%

B. 此类材料和设备的实际费用（包括运至现场的费用）的80%
C. 此类材料和设备的实际费用（包括运至现场的费用）的60%
D. 此类材料和设备的实际费用（不包括运至现场的费用）的60%

57. 根据《FIDIC施工合同条件》的规定，针对法律变化引起的价格调整，基准日期通常确定为（   ）。
   A. 合同签订前28天   B. 提交投标文件截止日期前28天
   C. 合同签订前42天   D. 提交投标文件截止日期前42天

58. 根据《基本建设项目竣工财务决算管理暂行办法》（财建〔2016〕503）的规定，项目建设单位应在项目竣工后3个月内完成竣工决算的编制工作，特殊情况确需延长的，大型项目不得超过（   ）。
   A. 3个月   B. 1个月
   C. 6个月   D. 2个月

59. 下列各项中竣工决算的批复由主管部门负责的是（   ）。
   A. 主管部门本级投资额在3000万元（含3000万元）以下的项目决算
   B. 主管部门本级投资额在3000万元（不含3000万元）以下的项目决算
   C. 主管部门本级投资额在5000万元（含5000万元）以下的项目决算
   D. 主管部门本级投资额在5000万元（不含5000万元）以下的项目决算

60. 外购专有技术，应由法定评估机构确认后再进行估价，其方法通常采用（   ）。
   A. 成本法   B. 重置成本法
   C. 收益法   D. 剩余价值法

二、多项选择题（共20题，每题2分。每题的备选项中，有2个或2个以上符合题意，至少有1个错项。错选，本题不得分；少选，所选的每个选项得0.5分）

61. 在国际贸易中，以下各项具有相同含义的是（   ）。
   A. 离岸价   B. CIF
   C. 装运港船上交货价   D. FOB
   E. 设备原价

62. 根据《房屋建筑与装饰工程工程量计算规范》GB 50854，对应予计量的措施项目进行计算，以下表述中正确的是（   ）。
   A. 混凝土模板及支架费通常是按照模板面积以平方米计算
   B. 脚手架可以按照垂直投影面积按平方米计算
   C. 施工排水、降水费用通常按照排、降水日历天数按天计算
   D. 超高施工增加费通常按照建筑物的建筑面积以平方米为单位计算
   E. 垂直运输费可以按照建筑面积以平方米为单位计算

63. 在城市规划区内国有土地上实施房屋拆迁，需要支付的拆迁补偿费用包括（   ）。
   A. 拆迁补偿金   B. 迁移补偿费
   C. 生态补偿费   D. 压覆矿产资源补偿费
   E. 土地管理费

64. 以下内容中在专业工程暂估价中和材料、设备暂估价中都不包括的是（   ）。

A. 人工费 B. 规费
C. 企业管理费 D. 材料费
E. 税金

65. 编制措施项目清单时，宜采用分部分项工程项目清单方式编制的是（　　）。
A. 非夜间施工照明费 B. 施工排水、降水费
C. 已完工程及设备保护费 D. 混凝土模板及支架费
E. 大型施工机械进出场及安拆费

66. 关于确定材料消耗的基本方法，下列表述中正确的是（　　）。
A. 现场技术测定法是根据对材料消耗过程的测定与观察，通过完成产品数量和材料消耗量的计算，而确定各种材料消耗定额的一种方法
B. 实验室试验法主要适用于确定材料损耗量
C. 实验室试验法的缺点在于无法估计到施工现场某些因素对材料消耗量的影响
D. 现场统计法可分别确定材料净用量和损耗量
E. 理论计算法较适合于不易产生损耗，且容易确定废料的材料消耗量的计算

67. 下列各项中不需计算场外运费的是（　　）。
A. 不需安拆的施工机械
B. 不需相关机械辅助运输的自行移动机械
C. 移动需要起重及运输机械的轻型施工机械
D. 固定在车间的施工机械
E. 利用辅助设施移动的施工机械

68. 在单项工程投资估算指标中，属于总图运输工程的是（　　）。
A. 全厂管网 B. 围墙大门
C. 汽车库 D. 厂区道路
E. 供电及通信系统

69. 下列各项中属于建设工程造价指数分类的是（　　）。
A. 工料消耗量指数 B. 工料机市场价格指数
C. 单位工程造价指数 D. 单项工程造价指数
E. 建设工程造价综合指数

70. 在流动资金估算过程中，在产品的计算通常需要考虑的要素包括（　　）。
A. 年经营成本 B. 外购原材料、燃料费用
C. 年工资及福利费 D. 年其他材料费用
E. 年修理费

71. 下列各项中属于单位建筑工程概算编制方法的是（　　）。
A. 扩大单价法 B. 预算单价法
C. 概算指标法 D. 类似工程预算法
E. 综合吨位指标法

72. 在工料单价法编制施工图预算过程中，在"按计价程序计取其他费用"阶段，需要计算的内容包括（　　）。

A. 措施费 B. 企业管理费
C. 利润 D. 规费
E. 税金

73. 招标工程量清单编制时，有关其他项目清单编制描述正确的是（　　）。

A. 当不能详列时，暂列金额中也可只列暂定金额总额

B. 需要纳入分部分项工程量清单项目综合单价中的暂估价，应只是材料、设备暂估单价，以方便投标人组价

C. 以"项"为计量单位给出的专业工程暂估价一般应是综合暂估价，即应当包括除规费、税金以外的管理费、利润等

D. 暂列金额由招标人支配，实际发生后才得以支付

E. 编制计日工表格时，若零星用工难以估计，也可不给出暂定数量

74. 对于措施项目的投标报价应遵循的原则，表述正确的是（　　）。

A. 分总价项目和单价项目分别编制不同的计价表

B. 措施项目费由投标人自主确定，但安全文明施工费不得作为竞争性费用

C. 措施项目的内容应依据招标人提供的措施项目清单确定

D. 对于不能精确计量的措施项目，应编制总价措施项目清单与计价表

E. 单价措施项目的综合单价的确定过程与分部分项工程的确定过程不同

75. 依法必须招标项目中标候选人公示应当载明的内容包括（　　）。

A. 中标候选人排序

B. 中标候选人响应招标文件要求的资格能力条件

C. 提出异议的渠道和方式

D. 项目负责人姓名及其相关证书名称和编号

E. 投标人业绩信誉条件的评分情况

76. 工程总承包投标报价中，属于标高金的是（　　）。

A. 管理费 B. 利润
C. 税金 D. 风险费
E. 公司本部费用

77. 在费用索赔计算中，以下各项中可以要来作为施工机械使用费计算标准的是（　　）。

A. 机械台班费 B. 台班折旧费+人工费+其他费
C. 台班人工费 D. 台班进出场及安拆费
E. 台班租金加每台班分摊的施工机械进出场费

78. 按照索赔事件的性质分类，下列各项中属于其他索赔的是（　　）。

A. 货币贬值 B. 合同终止
C. 加速施工 D. 物价上涨
E. 政策法令变化

79. 有关工程造价鉴定的委托及终止，下列表述中正确的是（　　）。

A. 鉴定机构组织的鉴定工作小组成员必须是依法注册于该鉴定机构的执业造价工

程师

B. 当委托事项超出本机构专业能力和技术条件的，鉴定机构应不予接受委托

C. 鉴定人及其辅助人员与鉴定项目有利害关系的，应当自行提出回避

D. 对争议标的较大或设计工程专业较多的鉴定项目，应成立由3名及以上鉴定人组成的鉴定项目组

E. 会见本纠纷项目的当事人、代理人的，应当回避

80. 计算新增固定资产价值时需要进行共同费用的分摊，一般情况下，应以建筑工程造价比例进行分摊的费用是（　　）。

A. 土地征用费 　　　　　　　　B. 建设单位管理费
C. 地质勘察费 　　　　　　　　D. 生产工艺流程系统设计费
E. 建筑工程设计费

专家权威详解

模拟题一答案与解析

一、单项选择题（共60题，每题1分。每题的备选项中，只有一个最符合题意）

1. 【答案】A
2. 【答案】C

【解析】在计算国产非标准设备原价时，增值税通常是指设备制造厂销售设备时向购入设备方收取的销项税额。其计税基数为材料费、加工费、辅助材料费、专用工具费、废品损失费、外购配套件费、包装费、利润的总和。

3. 【答案】D

【解析】设备基础工程的费用；石油、天然气钻井等工程的费用；电缆导线敷设工程的费用均属于建筑工程费。

4. 【答案】A
5. 【答案】D
6. 【答案】D

【解析】在城市规划区内国有土地上实施房屋拆迁，迁移补偿费包括征用土地上的房屋及附属构筑物、城市公共设施等拆除、迁建补偿费、搬迁运输费，企业单位因搬迁造成的减产、停工损失补贴费、拆迁管理费等。此知识点今年教材进行了内容修订，除包括对个人支付的迁移补偿费外，增加了对设施和单位的迁移补偿费。

7. 【答案】D
8. 【答案】B
9. 【答案】D

【解析】项目静态投资 = (2000+3000+1000)×(1+10%) = 6600(万元)

$I_1 = 6600 \times 20\% = 1320$(万元)

$I_2 = I_3 = 2640$(万元)

$PF_1 = 1320 \times [(1+5\%)^2 \times (1+5\%)^{0.5} - 1] = 171.24$(万元)

$PF_2 = 2640 \times [(1+5\%)^2 \times (1+5\%)^1 \times (1+5\%)^{0.5} - 1] = 491.60$(万元)

$PF_3 = 2640 \times [(1+5\%)^2 \times (1+5\%)^2 \times (1+5\%)^{0.5} - 1] = 648.18$(万元)

价差预备费 = 171.24+491.60+638.18 = 1311.02（万元）

10. 【答案】A
11. 【答案】B

【解析】招标工程量清单通常以单位工程为单位编制，由分部分项工程项目清单，措施项目清单，其他项目清单，规费项目、税金项目清单组成。

12. 【答案】D

【解析】按照工程量清单计价的一般原理，工程量清单应是载明建设工程项目名称、项目特征、计量单位和工程数量等的明细清单，而项目设置应伴随着建设项目的进展不断细化。因此项目编码不是必须载明的内容。此知识点为2019版教材新增内容。

13.【答案】C

14.【答案】C

15.【答案】B

16.【答案】B

17.【答案】B

【解析】施工仪器仪表台班单价中只包含动力费，内容中只有电费，而不包括水费和其他动力费，因此C不正确；年工作台班通常用年制度工作日乘以年使用率计算，因此D不正确。

18.【答案】A

19.【答案】A

【解析】在概算指标工程特征的描述中，对采暖工程特征应列出采暖热媒及采暖形式；对电气照明工程特征可列出建筑层数、结构类型、配线方式、灯具名称等；对房屋建筑工程特征主要对工程的结构形式、层高、层数和建筑面积进行说明。

20.【答案】B

21.【答案】B

22.【答案】A

【解析】不同行业、不同类型项目确定建设规模，应分别考虑不同的因素。对于水利水电项目，在确定建设规模时，应充分考虑水的资源量、可开发利用量、地质条件、建设条件、库区生态影响、占用土地以及移民安置等因素。

23.【答案】C

【解析】在项目建议书阶段，投资估算的精度较低，可采取简单的匡算法，如生产能力指数法、系数估算法、比例估算法或混合法等；在可行性研究阶段，投资估算精度要求高，需采用相对详细的投资估算方法，即指标估算法。

24.【答案】D

25.【答案】C

流动资产 = 1000+200+1500+100 = 2800（万元）

流动负债 = 600+150 = 750（万元）

流动资金总额 = 2800-750 = 2050（万元）

第三年投入的流动资金 = 2050-1200 = 850（万元）

26.【答案】B

27.【答案】A

28.【答案】B

29.【答案】C

30.【答案】A

31.【答案】A

【解析】根据《招标投标法实施条例》规定，招标人设有最高投标限价的，应当在招标文件中明确最高投标限价或者最高投标限价的计算方法，因此答案 B 不正确；同时，《招标投标法实施条例》中并未有任何条款是标底和最高投标限价的排他性规定，因此答案 D 不正确。

32.【答案】D

【解析】招标工程量清单、招标控制价和投标报价编制依据的区别，是经常考核的知识点之一。

33.【答案】A

34.【答案】C

【解析】调查工程现场时，施工条件调查和其他条件调查的内容应注意区分。通常经济条件和社会条件的调查属于其他条件调查的内容。

35.【答案】C

36.【答案】D

【解析】"视为"投标人相互串标与"属于"投标人相互串标的判断情形应注意区分。

37.【答案】A

38.【答案】A

【解析】甲在 2 号标段的评标价 = 5000−50×2 = 4900 万元

乙在 2 号标段的评标价 = 5500×(1−5%)−50×3 = 5075 万元

39.【答案】D

40.【答案】D

41.【答案】D

42.【答案】C

【解析】已标价工程量清单中没有适用，但有类似于变更工程项目的，可在合理范围内参照类似项目的单价或总价调整。采用类似的项目单价的前提是其采用的材料、施工工艺和方法基本相似，不增加关键线路上工程的施工时间，可仅就其变更后的差异部分，参考类似的项目单价由发承包双方协商新的项目单价。

43.【答案】D

【解析】工程量增加了(2600−2000)/2000 = 30%，应该将综合单价调低。

420×(1+15%) = 483(元) < 498(元)，因此应将综合单价调低至 483 元。

最终结算价格 = 2000×(1+15%)×498+[2600−2000×(1+15%)]×483 = 1290300(元)

44.【答案】B

【解析】人工的权重 = 70%×20% = 0.14

钢材的权重 = 70%×35% = 0.245

水泥的权重 = 70%×30% = 0.21

机具的权重 = 70%×15% = 0.105

需调整的价格差额 = $1000 \times (0.3 + 0.14 \times \frac{105}{100} + 0.245 \times \frac{104}{103} + 0.21 \times \frac{103}{105} + 0.105 \times$

$\left. \dfrac{110}{106} \right) = 9.34$（万元）

45. 【答案】 A
46. 【答案】 A
47. 【答案】 D
48. 【答案】 A

【解析】采用工程量清单方式招标形成的总价合同，工程量应按照与单价合同相同的方式计算。采用经审定批准的施工图纸及其预算方式发包形成的总价合同，除按照工程变更规定引起的工程量增减外，总价合同各项目的工程量是承包人用于结算的最终工程量。因此 D 不正确。

49. 【答案】 D
50. 【答案】 D
51. 【答案】 C
52. 【答案】 B
53. 【答案】 A
54. 【答案】 A

【解析】鉴定人及其辅助人员有下列情形之一的，应当自行提出回避：
1) 是鉴定项目当事人、代理人近亲属的；
2) 与鉴定项目有利害关系的；
3) 与鉴定项目当事人、代理人有其他利害关系，可能影响鉴定公正的。
答案 B 和 C 容易混淆，属于"当事人有权向委托人申请回避"的情形。此知识点为 2019 版教材新修订的内容。

55. 【答案】 C
56. 【答案】 A
57. 【答案】 D

【解析】除专用合同条款另有约定外，承包人应在收到预付款的同时向发包人提交预付款保函，预付款保函的担保金额应与预付款金额相同。此知识点为 2019 版教材新增内容。

58. 【答案】 A
59. 【答案】 D

【解析】技术性审核的内容。重点审核决算报表数据和表间勾稽关系、待摊投资支出情况、建筑安装工程和设备投资支出情况、待摊投资支出分摊计入交付使用资产情况以及项目造价控制情况等。此知识点为 2019 版教材新增内容。

60. 【答案】 D

二、多项选择题（共 20 题，每题 2 分。每题的备选项中，有 2 个或 2 个以上符合题意，至少有 1 个错项。错选，本题不得分；少选，所选的每个选项得 0.5 分）

61. 【答案】 ACD
62. 【答案】 ACE

63.【答案】ABDE

64.【答案】ABD

【解析】国有资金投资的项目包括全部使用国有资金（含国家融资资金）投资或国有资金投资为主的工程建设项目。国有资金（含国家融资资金）为主的工程建设项目是指国有资金占投资总额50%以上，或虽不足50%但国有投资者实质上拥有控股权的工程建设项目。

65.【答案】BCE

66.【答案】CD

【解析】与工艺过程的特点有关的不可避免中断工作时间，有循环的和定期的两种。循环的不可避免中断，是在机器工作的每一个循环中重复一次。如汽车装货和卸货时的停车。定期的不可避免中断，是经过一定时期重复一次。比如把灰浆泵由一个工作地点转移到另一工作地点时的工作中断。

67.【答案】ACE

68.【答案】BDE

【解析】在考核机械台班幅度差的内容时，通常会以教材中图2.3.2"机器工作时间的分类"中的内容作为干扰项。

69.【答案】ABE

70.【答案】AC

【解析】应注意区分项目可行性研究阶段投资估算和项目建议书阶段投资估算作用之间的区别。

71.【答案】CD

72.【答案】BCDE

73.【答案】ABE

【解析】答案C容易有争议，书中的原文是"招标文件中规定的各项技术标准均不得要求或标明某一特定的专利、商标、名称、设计、原产地或生产供应者，不得含有倾向或者排斥潜在投标人的其他内容。如果必须引用某一生产供应商的技术标准才能准确或清楚地说明拟招标项目的技术标准时，则应当在参照后面加上'或相当于'的字样。"由于C的表述不够准确和完整，因此在多项选择题中，出于保守原则的考虑，建议不选此答案。

74.【答案】BCD

75.【答案】ABC

76.【答案】DE

【解析】根据《国际复兴开发银行贷款和国际开发协会信贷采购指南》规定，资格定审在两种情况下进行：一是因为资格预审和正式投标相距时间太长，时过境迁，原来已合格的可能不再合格，原来不合格的可能又具备了合格条件，这样，正式投标时将不得不重新进行资格预审或至少再进行资格定审。二是如果在投标前未进行过资格预审，则应在评标后对标价最低，并拟授予合同的标书的投标人进行资格定审，以便审定他是否有足够的人力、财力资源有效地实施采购合同。同时，资格定审的标准应在招标文件中明确规定，其内容与资格预审的标准相同。

77.【答案】ADE

78.【答案】AD

79.【答案】ABE

80.【答案】ACDE

【解析】按照《基本建设财务规则》（财政部第81号令）和《基本建设项目建设成本管理规定》（财建〔2016〕504号）的规定，建筑安装工程投资支出、设备工器具投资支出、待摊投资支出和其他投资支出构成建设项目的建设成本。

模拟题二答案与解析

一、单项选择题（共60题，每题1分。每题的备选项中，只有一个最符合题意）

1.【答案】B

2.【答案】C

【解析】外购配套件费可以作为包装费的计算基数，但不能作为利润的计算基数。这是国产非标准设备原价计算中最常见的考点。

3.【答案】B

【解析】根据《建设工程计价设备材料划分标准》GB 50531的规定，工业、交通等项目中的建筑设备购置有关费用应列入建筑工程费，单一的房屋建筑工程项目的建筑设备购置有关费用宜列入建筑工程费。

4.【答案】A

5.【答案】B

【解析】垂直运输费可按照施工工期日历天数以"天"为单位计算；排水、降水费用通常按照排、降水日历天数按"昼夜"计算。"天"与"昼夜"的区别应分清。

6.【答案】A

【解析】工程费用 = 5000+3000 = 8000（万元）
建设单位管理费 = 8000×3% = 240（万元）

7.【答案】D

8.【答案】C

【解析】工程费用 = 2000+800 = 2800（万元）
基本预备费 =（2800+1500）×15% = 645（万元）

9.【答案】C

【解析】q_1 =（300÷2）×12% = 18（万元）
q_2 =（318+600÷2）×12% = 74.16（万元）
q_3 =（318+674.16+400÷2）×12% = 143.06（万元）
建设期利息 = 18+74.16+143.06 = 235.22（万元）

10.【答案】B

11.【答案】A

【解析】我国的工程造价管理体系可划分为工程造价管理的相关法律法规体系、工程造价管理标准体系、工程计价定额体系和工程计价信息体系四个主要部分。其中后三项称为工程计价依据体系。此知识点为2019版教材新增内容。

12.【答案】B

13.【答案】B

【解析】 单价措施项目与总价措施项目的划分在教材的不同章节中反复出现，考生应熟练掌握。

14.【答案】 B

【解析】 答案 A 容易错选。"工人的技术水平"属于与人有关的因素，应包含在组织因素中。

15.【答案】 A

16.【答案】 C

【解析】 津贴补贴与特殊情况下支付的工资之间的区别是常见考点，考生应注意掌握。

17.【答案】 B

【解析】 当材料供货方是小规模纳税人时，则应以征收率（3%）从购入价格中扣除增值税进项税额，因此答案 A 错误。

18.【答案】 C

19.【答案】 C

20.【答案】 A

【解析】 以合理方法编制的工程造价指数，不仅能够较好地反映工程造价的变动趋势和变化幅度，而且可用以剔除价格水平变化对造价的影响，正确反映建筑市场的供求关系和生产力发展水平。

21.【答案】 C

【解析】 按照用途的不同，建设工程造价指标可以分为工程经济指标、工程量指标、工料价格指标及消耗量指标。此知识点为 2019 版教材中的新增内容。

22.【答案】 B

23.【答案】 C

24.【答案】 C

【解析】 静态投资额 $= 3 \times (50/30)^{0.8} \times (1+6\%)^5 = 6.041$（亿元）

25.【答案】 D

【解析】 由于投资估算时，预备费只是准备性费用，尚不能确定未来支付在何种项目上，因此只能单独列项，无法计入某一类资产价值。

26.【答案】 C

27.【答案】 D

28.【答案】 D

【解析】 综合调价系数是以类似工程中各成本构成项目占总成本的百分比为权重，按照加权的方式计算的成本单价的调价系数，根据类似工程预算提供的资料，也可按照同样的计算思路计算出人、材、机费综合调整系数，通过系数调整类似工程的工料单价，再按照相应取费基数和费率计算间接费、利润和税金，也可得出所需的综合单价。

29.【答案】 B

30.【答案】 B

【解析】 投标人须知中通常包括的是"若投标人不遵守就会导致投标文件被否决的强

制性规定"，考生可根据这一原则进行判断区分。

31. 【答案】C
32. 【答案】A

【解析】由于招标控制价是用于控制投标报价的上限，因此其考虑的风险范围与内容与投标报价是完全一致的。

33. 【答案】D
34. 【答案】D
35. 【答案】D

【解析】在考试时，应注意有一小部分考题为否定式题干，即要求考生选出"错误答案"。

36. 【答案】B
37. 【答案】C

【解析】清标工作内容的特点：（1）主要是对报价进行审核；（2）主要从合理性、正确性、完整性方面进行审核。

38. 【答案】B
39. 【答案】D
40. 【答案】A

【解析】《标准设计施工总承包招标文件》中提供的（A）（B）条款较多，其中（A）条款大多对承包人有利，而（B）条款大多是将风险向承包人转嫁，不予调价。

41. 【答案】A

【解析】如果由于承包人的原因导致的工期延误，按不利于承包人的原则调整合同价款。在工程延误期间国家的法律、行政法规和相关政策发生变化引起工程造价变化的，造成合同价款增加的，合同价款不予调整；造成合同价款减少的，合同价款予以调整。

42. 【答案】B

【解析】承包人报价浮动率 = (1-5700/6000) = 5%

2019版教材中承包人报价浮动率计算公式进行了修订，考生应注意。

43. 【答案】D
44. 【答案】C

【解析】价格指数调价法和造价信息调价法的适用范围应注意区分。

45. 【答案】C
46. 【答案】D

【解析】异常恶劣的气候条件不可以获得费用索赔，季节性大雨不能索赔，因此能够获得保函手续费索赔的只有设计单位迟延提供图纸和不利物质条件的事件。

保函手续费索赔额 = (70/500)×40 = 5.6（万元）

47. 【答案】B

【解析】项目特征不符是指"在合同履行期间，出现设计图纸（含设计变更）与招标工程量清单任一项目的特征描述不符，且该变化引起该项目的工程造价增减变化"，因此答案A的表述不准确。

48.【答案】B
49.【答案】A
50.【答案】A
51.【答案】A

【解析】缺陷责任期从工程通过竣工验收之日起计。由于发包人原因导致工程无法按规定期限进行竣工验收的，在承包人提交竣工验收报告90天后，工程自动进入缺陷责任期。

52.【答案】D
53.【答案】B
54.【答案】D

【解析】根据《建设工程造价鉴定规范》GB/T 51262 规定，鉴定人必须具有相应专业的注册造价工程师执业资格。但是，根据鉴定工作需要，鉴定机构可以安排非注册造价工程师的专业人员作为鉴定人的辅助人员，参与鉴定的辅助性工作；鉴定机构对同一鉴定事项，应指定两名及以上鉴定人共同进行鉴定。对争议标的较大或涉及工程专业较多的鉴定项目，应成立由3名及以上鉴定人组成的鉴定项目组。此知识点为2019版新修订内容。

55.【答案】B
56.【答案】C
57.【答案】B

【解析】预付款用于承包人为合同工程的设计和工程实施购置材料、工程设备、施工设备、修建临时设施以及组织施工队伍进场等。预付款的额度和支付在专用合同条款中约定。预付款必须专用于合同工程。此知识点为2019版教材新修订内容。

58.【答案】D
59.【答案】A

【解析】政策性审核的内容。重点审核项目履行基本建设程序情况、资金来源、到位及使用管理情况、概算执行情况、招标履行及合同管理情况、待核销基建支出和转出投资的合规性、尾工工程及预留费用的比例和合理性等。此知识点为2019版教材新增内容。

60.【答案】D

【解析】不需要安装的设备、工具、器具、家具等固定资产一般仅计算采购成本，不计分摊。

二、多项选择题（共20题，每题2分。每题的备选项中，有2个或2个以上符合题意，至少有1个错项。错选，本题不得分；少选，所选的每个选项得0.5分）

61.【答案】BDE

【解析】消费税及计税基数为 $\dfrac{到岸价格(CIF) \times 人民币外汇汇率 + 关税}{1 - 消费税税率}$，在结果上相当于"到岸价格+关税+消费税"，或"关税完税价格+关税+消费税"。

62.【答案】ACD
63.【答案】BDE

64.【答案】AC

【解析】暂列金额是招标人在工程量清单中暂定并包括在合同价款中的一笔款项；暂估价是指招标人在工程量清单中提供的用于支付必然发生但暂时不能确定价格的材料、工程设备的单价以及专业工程的金额。

65.【答案】DE

66.【答案】BDE

67.【答案】AC

68.【答案】CDE

【解析】由于单项工程指标中包含的内容只能是工程费用，因此只包括设备、工器具购置费和建筑安装工程费。

69.【答案】BD

【解析】建设单位在决策阶段可以根据不同的项目方案建立初步的建筑信息模型。BIM数据模型的建立，结合可视化技术、虚拟建造等功能，为项目的模拟决策提供了基础。根据BIM模型数据，可以调用与拟建项目相似工程的造价数据，高效准确地估算出拟建项目的总投资额，为投资决策提供准确依据。同时，将模型与财务分析工具集成，实时获取各项目方案的投资收益指标信息，提高决策阶段项目预测水平，帮助建设单位进行决策。BIM技术在投资造价估算和投资方案选择方面大有作为。此知识点为2019版教材中的新增内容。

70.【答案】BCD

71.【答案】CDE

72.【答案】CDE

73.【答案】BCD

74.【答案】BCD

【解析】应注意区分"投标优惠承诺"与"提交备选投标方案"的区别。

75.【答案】ABD

76.【答案】DE

77.【答案】BC

【解析】此题中答案D容易误选。总价措施项目费中的"安全文明施工费"的变更调价原则为"按实调整，不得浮动"，其余的总价措施项目费才是"按照实际发生变化的措施项目调整，但应考虑承包人报价浮动因素"。

78.【答案】BD

79.【答案】BD

【解析】《住房城乡建设部关于进一步推进工程造价管理改革的指导意见》（建标〔2014〕142）中指出，应"完善建设工程价款结算办法，转变结算方式，推行过程结算，简化竣工结算。"因此在竣工结算的编制依据中没有竣工图。

80.【答案】ABC

模拟题三答案与解析

一、单项选择题（共60题，每题1分。每题的备选项中，只有一个最符合题意）

1.【答案】C
2.【答案】D
3.【答案】A
4.【答案】B

【解析】一般纳税人为建筑工程老项目提供的建筑服务，"可以"选择适用简易计税法计税，当然也可以选择适用一般计税法计税。

5.【答案】B

【解析】地上、地下设施和建筑物的临时保护设施费与已完工程及设备保护费的区别，考生应注意掌握。

6.【答案】B
7.【答案】A

【解析】工程建设其他费用中的税费是按财政部《基本建设项目建设成本管理规定》（财建〔2016〕504号）工程其他费中的有关规定，税费统一归纳计列，是指耕地占用税、城镇土地使用税、印花税、车船使用税等和行政性收费，不包括增值税。

8.【答案】D

【解析】静态投资 = (5000+3000+1000)×(1+10%) = 9900(万元)

第三年计划投资额 = 9900×35% = 3465（万元）

第三年的价差预备费 = $3465 \times [(1+5\%)^2 \times (1+5\%)^2 \times (1+5\%)^{0.5} - 1] = 850.74$(万元)

9.【答案】D

【解析】$q_1 = (500 \div 2) \times 10\% = 25$(万元)

$q_2 = (525 + 800 \div 2) \times 10\% = 92.5$(万元)

10.【答案】B
11.【答案】C
12.【答案】B
13.【答案】C
14.【答案】D

【解析】基本工作时间是工人完成能生产一定产品的施工工艺过程所消耗的时间。

15.【答案】D

【解析】测时法主要适用于测定定时重复的循环工作的工时消耗，是精确度比较高的一种计时观察法。测时法只用来测定施工过程中循环组成部分工作时间消耗，不研究工人休息、准备与结束及其他非循环的工作时间。

16. 【答案】 C
17. 【答案】 C

【解析】 将原价及运杂费换算为不含税价格,如下表:

答 17 表

供应点	采购量(t)	原价(元/t)	原价(元/t)(不含税)	运杂费(元/t)	运杂费(元/t)(不含税)	运输损耗率(%)	采购及保管费费率(%)
地点一	300	240	212.39	20	17.70	0.5	3.5
地点二	200	250	221.24	15	13.76	0.4	

$$材料单价=\frac{[(300\times212.39+300\times17.70)\times(1+0.5\%)+(200\times221.24+200\times13.76)\times(1+0.4\%)]\times(1+3.5\%)}{300+200}$$

$$=241.28(元/t)$$

18. 【答案】 B

【解析】 基本用工包括完成定额计量单位的主要用工和按劳动定额规定应增(减)计算的用工量。

19. 【答案】 A
20. 【答案】 C
21. 【答案】 C

【解析】 数据统计法计算建设工程经济指标、工程量指标、工料消耗量指标时,采用建设规模作为权重;数据统计法计算建设工程工料价格指标时,采用消耗量作为权重。此知识点为 2019 版教材新增内容。

22. 【答案】 D
23. 【答案】 A

【解析】 几个选项表述很类似,但燃料动力供应属于建设项目本身无法改善的要素,因此属于环境因素。

24. 【答案】 D

【解析】 工业与民用建筑物以平方米或立方米为单位,套用规模相当、结构形式和建筑标准相适应的投资估算指标或类似工程造价资料进行估算。

25. 【答案】 A
26. 【答案】 B
27. 【答案】 C

【解析】 设计概算的编制内容包括静态投资和动态投资两个层次。静态投资作为考核工程设计和施工图预算的依据;动态投资作为项目筹措、供应和控制资金使用的限额。

28. 【答案】 B
29. 【答案】 A

【解析】 在用实物量法编制施工图预算时,套用消耗量定额工作步骤是根据预算人工定额所列各类人工工日的数量,乘以各分项工程的工程量,计算出各分项工程所需各类人工工日的数量，统计汇总后确定单位工程所需的各类人工工日消耗量。同理，根据预算材料定额、预算机具台班定额分别确定出单位工程各类材料消耗数量和各类施工机具台班数量。

30.【答案】C

【解析】在投标人须知正文中的未尽事宜可以通过"投标人须知前附表"进行进一步明确，由招标人根据招标项目具体特点和实际需要编制和填写，但务必与招标文件的其他章节相衔接，并不得与投标人须知正文的内容相抵触，否则抵触内容无效。

31.【答案】C

32.【答案】B

33.【答案】A

【解析】招标文件的澄清将在规定的投标截止时间15天前以书面形式发给所有获取招标文件的投标人。所谓15天是指投标截止时间往前倒退15个24小时。

34.【答案】D

35.【答案】D

36.【答案】B

37.【答案】D

38.【答案】B

39.【答案】B

40.【答案】A

【解析】施工投标过程中，投标有效期为60~90天。工程总承包投标过程中，除投标人须知前附表另有规定外，投标有效期均为120天。

41.【答案】B

【解析】改变已批准的施工工艺在《标准施工招标文件》中算作工程变更，但在《建设工程施工合同（示范文本）》GF—2017—0201不算作工程变更。

42.【答案】B

【解析】总价措施项目发生变化的，安全文明施工费应按实调整，不得浮动，因此答案D不正确。

43.【答案】A

44.【答案】D

【解析】2017年12月信息价上涨，应以较高的基准价格为基础计算合同约定的风险幅度值。

3500×(1+5%)=3675(元/t)。

因此钢筋每吨应上调价格=4000-3675=325（元/t）。

2017年12月实际结算价格=3300+325=3625（元/t）。

45.【答案】A

46.【答案】C

47.【答案】C

【解析】采用价格指数调整价格差额时，价格指数应首先采用工程造价管理机构提供的价格指数，缺乏上述价格指数时，可采用工程造价管理机构提供的价格代替。

48.【答案】A

49.【答案】A

50.【答案】A

51.【答案】A

52.【答案】A

【解析】承包人按合同约定接受了竣工结算支付证书后，应被认为已无权再提出在合同工程接收证书颁发前所发生的任何索赔。承包人在提交的最终结清申请中，只限于提出工程接收证书颁发后发生的索赔。提出索赔的期限自接受最终支付证书时终止。

53.【答案】B

54.【答案】C

55.【答案】D

56.【答案】C

57.【答案】C

【解析】除专用合同条款另有约定外，承包人应在收到预付款的同时向发包人提交预付款保函，预付款保函的担保金额应与预付款金额相同。保函的担保金额可根据预付款扣回的金额相应递减。

58.【答案】C

59.【答案】B

【解析】在竣工决算的审核内容中，对工程价款结算的审核内容主要包括评审机构对工程价款是否按有关规定和合同协议进行全面评审；评审机构对于多算和重复计算工程量、高估冒算建筑材料价格等问题是否予以审减；单位、单项工程造价是否在合理或国家标准范围，是否存在严重偏离当地同期同类单位工程、单项工程造价水平问题。

60.【答案】B

二、多项选择题（共20题，每题2分。每题的备选项中，有2个或2个以上符合题意，至少有1个错项。错选，本题不得分；少选，所选的每个选项得0.5分）

61.【答案】BC

62.【答案】ADE

【解析】成井的费用主要包括：（1）准备钻孔机械、埋设护筒、钻机就位，泥浆制作、固壁、成孔、出渣、清孔等费用；（2）对接上、下井管（滤管），焊接，安防，下滤料，洗井，连接试抽等费用。

63.【答案】BDE

64.【答案】BCE

65.【答案】ABE

66.【答案】ABC

【解析】写实记录法是一种研究各种性质的工作时间消耗的方法，包括基本工作时间、辅助工作时间、不可避免中断时间、准备与结束时间以及各种损失时间。

67.【答案】ADE

68.【答案】ACD

69.【答案】ABE

【解析】在设计阶段，通过 BIM 技术对设计方案优选或限额设计，设计模型的多专业一致性检查，设计概算、施工图预算的编制管理和审核环节的应用，实现对造价的有效控制。此知识点为 2019 版教材新增内容。

70.【答案】ABD

【解析】固定资产其他费用主要包括建设管理费、可行性研究费、研究试验费、勘察设计费、专项评价及验收费、场地准备及临时设施费、引进技术和引进设备其他费、工程保险费、联合试运转费、特殊设备安全监督检验费和市政公用设施建设及绿化费等。

71.【答案】AC

72.【答案】ABDE

73.【答案】AB

74.【答案】ABD

75.【答案】ABCE

【解析】"综合评估比较表"与"价格比较一览表"的组成内容的区别，考生应注意掌握。

76.【答案】AE

77.【答案】ABC

78.【答案】BCE

【解析】赶工费用的主要内容包括：

（1）人工费的增加，例如新增加投入人工的报酬，不经济使用人工的补贴等；

（2）材料费的增加，例如可能造成不经济使用材料而损耗过大，材料提前交货可能增加的费用、材料运输费的增加等；

（3）机械费的增加，例如可能增加机械设备投入，不经济的使用机械等。

79.【答案】ACDE

80.【答案】ACD

模拟题四答案与解析

一、单项选择题（共60题，每题1分。每题的备选项中，只有一个最符合题意）

1.【答案】B

【解析】非生产性建设项目总投资不包括流动资金，因此其组成与工程造价构成是一样的，由建设投资和建设期利息组成。

2.【答案】B

3.【答案】C

4.【答案】B

【解析】利润的计算分两种情况，一是由施工企业根据企业自身需求并结合建筑市场实际自主确定；二是工程造价管理机构在确定计价定额中利润时，应以定额人工费、材料费和施工机具使用费之和，或以定额人工费、定额人工费与施工机具使用费之和作为计算基数，其费率根据历年积累的工程造价资料，并结合建筑市场实际、项目竞争情况、项目规模与难易程度等确定。

5.【答案】C

6.【答案】A

【解析】建设单位管理费的内容2019版教材中进行了修订，委托第三方行使部分管理职能的，其技术服务费列入技术服务费项目。

7.【答案】C

8.【答案】C

9.【答案】C

10.【答案】B

【解析】工程计价可分为工程计量和工程组价两个环节。工程计量工作包括工程项目的划分和工程量的计算。工程项目的划分即确定单位工程基本构造单元。

11.【答案】A

12.【答案】C

13.【答案】D

14.【答案】A

【解析】有效工作时间是从生产效果来看与产品生产直接有关的时间消耗。其中包括基本工作时间、辅助工作时间、准备与结束工作时间的消耗。

15.【答案】D

【解析】每立方米砖墙勾缝的基本工作时间 = $\frac{1}{0.49} \times 10 = 20.41$（分钟）= 0.0425（工日）

工序作业时间 = $\dfrac{0.0425}{1-2\%}$ = 0.0434（工日/m³）

定额时间 = $\dfrac{0.0434}{1-3\%-2\%-15\%}$ = 0.054（工日/m³）

16.【答案】C

17.【答案】B

【解析】已知条件为不含税价格，因此无需再进行换算。

材料单价 = $\dfrac{[(300\times240+300\times20)\times(1+0.5\%)+(200\times250+200\times15)\times(1+0.4\%)]\times(1+3.5\%)}{300+200}$

= 272.42(元/t)

18.【答案】C

19.【答案】B

20.【答案】A

【解析】建设工程具有多样性的特点，要使工程造价管理的信息资料满足不同特点项目的需求，在信息的内容和形式上应具有多样性的特点。

21.【答案】A

【解析】建设工程造价指标的时间应符合下列规定：
（1）投资估算、设计概算、招标控制价应采用成果文件编制完成日期；
（2）合同价应采用工程开工日期；
（3）结算价应采用工程竣工日期。

此知识点为2019版教材新增内容。

22.【答案】B

23.【答案】D

24.【答案】C

【解析】在所有的投资估算方法中，包括匡算法和指标估算法都是用来估算项目静态投资的。

25.【答案】A

【解析】固定资产费用是指项目投产时将直接形成固定资产的建设投资，包括工程费用和工程建设其他费用中按规定将形成固定资产的费用，后者被称为固定资产其他费用。

26.【答案】D

27.【答案】A

28.【答案】D

29.【答案】A

30.【答案】A

31.【答案】C

32.【答案】B

【解析】招标控制价编制中，暂估价中的材料单价应按照工程造价管理机构发布的工程造价信息中的材料单价计算，工程造价信息未发布的材料单价，其单价参考市场价格估算；暂估价中的专业工程暂估价应分不同专业，按有关计价规定估算。

33.【答案】B

34.【答案】A

【解析】在分包询价时，承包商可以确定拟分包的项目范围，将拟分包的专业工程施工图纸和技术说明送交预先选定的分包单位，请他们在约定的时间内报价，以便进行比较选择，最终选择合适的分包人。因此答案D不正确。

35.【答案】A

36.【答案】A

【解析】2019版教材中对于投标保证金的限额进行了修改，最高不超过项目估算价的2%，不设绝对额上限，因此投标保证金的数额为4500×2%＝90（万元）。

37.【答案】B

【解析】形式评审标准、资格评审标准、响应性评审标准、施工组织设计和项目管理机构评审标准四项内容之间的差异是常考知识点，考生应注意掌握。

38.【答案】C

39.【答案】C

【解析】承包人实施计划与承包人建议书的内容区别，考生应注意掌握。

40.【答案】A

41.【答案】B

【解析】经发承包双方确认调整的合同价款，作为追加（减）合同价款，应与工程进度款或结算款同期支付。

42.【答案】C

【解析】工程量减少了（1500－1200）/1500＝20%，应该将综合单价调高。

报价浮动率＝1－4800/5000＝4%

350×(1－4%)×(1－15%)＝285.6(元)<405元，因此综合单价可不调整。

最终结算价格＝1200×405＝486000（元）。

43.【答案】D

44.【答案】A

【解析】信息价下跌，应以较低的投标价格为基础计算合同约定的风险幅度值。

100×(1－5%)＝950（元/t）。

因此钢筋每吨应下调价格＝950－900＝50（元/t）。

实际结算价格＝1000－50＝950（元/t）。

45.【答案】C

46.【答案】A

47.【答案】A

【解析】采用造价信息调整价格差额的方法，主要适用于使用的材料品种较多，相对而言每种材料使用量较小的房屋建筑与装饰工程。

48.【答案】B

【解析】由于质量不合格的工程不能纳入计量范围，因此质量合格证书是工程计量依据之一。

49.【答案】C

50.【答案】C

51.【答案】C

52.【答案】B

【解析】发承包双方或一方不同意暂定结果的，应以书面形式向总监理工程师或造价工程师提出，说明自己认为正确的结果，同时抄送另一方，此时该暂定结果成为争议。在暂定结果不实质影响发承包双方当事人履约的前提下，发承包双方应实施该结果，直到其按照发承包双方认可的争议解决办法被改变为止。因此答案C不正确。

53.【答案】C

【解析】不能认定为无效合同的情形：

（1）承包人超越资质等级许可的业务范围签订建设工程施工合同，在建设工程竣工前取得相应资质等级，当事人请求按照无效合同处理的，不予支持。

（2）具有劳务作业法定资质的承包人与总承包人、分包人签订的劳务分包合同，当事人以转包建设工程违反法律规定为由请求确认无效的，不予支持。

此外，当事人以发包人未取得建设工程规划许可证等规划审批手续为由，请求确认建设工程施工合同无效的，人民法院应予支持，但发包人在起诉前取得建设工程规划许可证等规划审批手续的除外。

此知识点为2019版教材新增内容。

54.【答案】A

【解析】鉴定项目合同对计价依据、计价方法约定条款前后矛盾的，鉴定人应提请委托人决定适用条款；委托人暂不明确的，鉴定人应按不同的约定条款分别作出鉴定意见，供委托人判断使用。此知识点为2019版教材新增内容。

55.【答案】A

56.【答案】D

57.【答案】A

58.【答案】A

【解析】无论是何主体负责重新绘制的竣工图，均需由承包人负责在新图上加盖"竣工图"标志。

59.【答案】A

【解析】项目核算管理情况审核，具体包括：

（1）建设成本核算是否准确。对于超过批准建设内容发生的支出、不符合合同协议的支出、非法收费和摊派，以及无发票或者发票项目不全、无审批手续、无责任人员签字的支出和因设计单位、施工单位、供货单位等原因，造成的工程报废损失等不属于本项目应当负担的支出，是否按规定予以审减。

（2）待摊费用支出及其分摊是否合理合规。

（3）待核销基建支出有无依据、是否合理合规。

（4）转出投资有无依据、是否已落实接收单位。

(5) 决算报表所填列的数据是否完整，表内和表间勾稽关系是否清晰、正确。

(6) 决算的内容和格式是否符合国家有关规定。

(7) 决算资料报送是否完整、决算数据之间是否存在错误。

(8) 与财务管理和会计核算有关的其他事项。

此知识点为 2019 版教材新增内容。

60.【答案】C

二、多项选择题（共 20 题，每题 2 分。每题的备选项中，有 2 个或 2 个以上符合题意，至少有 1 个错项。错选，本题不得分；少选，所选的每个选项得 0.5 分）

61.【答案】BC

【解析】在 FOB 交货方式下，卖方的基本义务有：在合同规定的时间或期限内，在装运港按照习惯方式将货物交到买方指派的船上，并及时通知买方；自负风险和费用，取得出口许可证或其他官方批准证件，在需要办理海关手续时，办理货物出口所需的一切海关手续；负担货物在装运港至装上船为止的一切费用和风险；自付费用提供证明货物已交至船上的通常单据或具有同等效力的电子单证。

62.【答案】ABCD

63.【答案】BD

【解析】技术服务费是 2019 版教材的新增内容，其具体组成考生应注意掌握。

64.【答案】ACDE

65.【答案】ACDE

66.【答案】BD

【解析】基本工作时间是工人完成能生产一定产品的施工工艺过程所消耗的时间。通过这些工艺过程可以使材料改变外形，如钢筋煨弯等；可以使预制构配件安装组合成型；也可以改变产品外部及表面的性质，如粉刷、油漆等。基本工作时间所包括的内容依工作性质各不相同。基本工作时间的长短和工作量大小成正比例。

67.【答案】AB

【解析】施工机械台班单价和施工仪器仪表台班单价组成内容的异同是常见的考点之一，考生应注意掌握。

68.【答案】BD

69.【答案】BCD

【解析】在发承包阶段，我国建设工程已基本实现了工程量清单招投标模式，招标和投标各方都可以利用 BIM 模型进行工程量自动计算、统计分析，形成准确的工程量清单。有利于招标人控制造价和投标人报价的编制，提高招投标工作的效率和准确性，并为后续的工程造价管理和控制提供基础数据。此知识点为 2019 版教材新增内容。

70.【答案】BCDE

71.【答案】ABCE

72.【答案】ACDE

73.【答案】ACD

74.【答案】AE

75.【答案】DE

76.【答案】ACDE

【解析】承揽国际工程投标报价时，在计算施工机械台班单价时，其中基本折旧费的计算一般应根据当时的工程情况考虑 5 年折旧期，较大工程甚至一次折旧完毕。因此，也就不计算大修理费用。

77.【答案】BD

78.【答案】ABE

79.【答案】ABCE

80.【答案】ACD

模拟题五答案与解析

一、单项选择题（共60题，每题1分。每题的备选项中，只有一个最符合题意）

1.【答案】D

2.【答案】C

3.【答案】D

【解析】建筑安装工程费中的材料费，是指工程施工过程中耗费的各种原材料、半成品、构配件、工程设备等的费用，以及周转材料等的摊销、租赁费用。

4.【答案】C

【解析】应缴纳的增值税=(2000-150)×9%=166.5(万元)。

5.【答案】C

6.【答案】A

【解析】研究试验费中不包括以下项目：

（1）应由科技三项费用（即新产品试制费、中间试验费和重要科学研究补助费）开支的项目。

（2）应在建筑安装费用中列支的施工企业对建筑材料、构件和建筑物进行一般鉴定、检查所发生的费用及技术革新的研究试验费。

（3）应由勘察设计费或工程费用中开支的项目。

7.【答案】B

【解析】征地补偿费中包括耕地开垦费和森林植被恢复费。是指征用耕地的包括耕地开垦费用，涉及森林草原的包括森林植被恢复费用等。此知识点为2019版教材新修订内容。

8.【答案】D

9.【答案】D

【解析】$q_1=(500÷2)×10\%=25(万元)$

$q_2=(525+1000÷2)×10\%=102.5(万元)$

$q_3=(525+1102.5+300÷2)×10\%=177.75(万元)$

建设期利息=25+102.5+177.75=305.25(万元)

10.【答案】B

11.【答案】A

12.【答案】B

13.【答案】A

14.【答案】A

【解析】抹灰工补上偶然遗留的墙洞消耗的时间是偶然工作时间，属于损失时间，但可以在编制定额时予以适当考虑。

15.【答案】B

【解析】每立方米砖墙勾缝的基本工作时间 = $\frac{1}{0.365} \times 8 = 21.92$（分钟）= 0.0457（工日）

工序作业时间 = $\frac{0.0457}{1-5\%} = 0.0481$（工日/m³）

定额时间 = $\frac{0.0481}{1-4\%-3\%-15\%} = 0.062$（工日/m³）

产量定额 = $\frac{1}{0.062} = 16.226$（m³/工日）

16.【答案】A

17.【答案】B

【解析】检修周期 = 2500/500 = 5

检修次数 = 5 - 1 = 4

除税系数 = $60\% + \frac{40\%}{1+13\%} = 0.954$

台班检修费 = $\frac{10000 \times 4}{2500} \times 0.954 = 15.26$（元/台班）

18.【答案】A

19.【答案】D

20.【答案】B

【解析】工程计价信息的专业性集中反映在建设工程的专业化上，例如水利、电力、铁道、公路等工程，所需的信息有它的专业特殊性。

21.【答案】B

【解析】当需要采用下一层级造价指标汇总计算上一层级造价指标时，应采用汇总计算法。汇总计算法计算工程造价指标时，应采用加权平均计算法，权重为指标对应的总建设规模。汇总计算法采用的下一层级造价指标宜采用数据统计法得出的各类工程造价指标。此知识点为2019版教材新增内容。

22.【答案】C

23.【答案】C

24.【答案】C

【解析】投资估算分析应包括以下内容：工程投资比例分析；各类费用构成占比分析；分析影响投资的主要因素；与类似工程项目的比较，对投资总额进行分析。

25.【答案】A

26.【答案】C

27.【答案】B

【解析】在建筑工程概算中，除包括一般土建工程的概算外，还包括给水排水、采暖工程概算，通风、空调工程概算，电气照明工程概算，弱电工程概算，特殊构筑物工程概算等。

28.【答案】C

【解析】单项工程综合概算采用综合概算表（含其所附的单位工程概算表和建筑材料表）进行编制。对单一的、具有独立性的单项工程建设项目，按照两级概算编制形式，直接编制总概算。

29.【答案】A

30.【答案】B

31.【答案】B

32.【答案】D

【解析】暂列金额设置时的影响因素，暂列金额的计算基数和费率范围是招标控制价暂列金额编制中常考的三个知识点。

33.【答案】C

【解析】在招标控制价的编制过程中，信息价和市场价的选择是有顺序的。通常应优先选择使用信息价，信息价缺失的，可以选择市场价格。

34.【答案】B

【解析】复核工程量的准确程度，将影响承包商的经营行为：一是根据复核后的工程量与招标文件提供的工程量之间的差距，从而考虑相应的投标策略，决定报价裕度；二是根据工程量的大小采取合适的施工方法，选择适用、经济的施工机具设备、投入使用相应的劳动力数量等。

35.【答案】B

36.【答案】A

37.【答案】A

【解析】投标报价有算术错误的，评标委员会按相应原则对投标报价进行修正，修正的价格经投标人书面确认后具有约束力。投标人不接受修正价格的，其投标被否决。

38.【答案】A

【解析】答案A的表述其实并不完整，完整表达应是"招标人最迟应当在与中标人签订合同后5日内，向中标人和未中标的投标人退还投标保证金及银行同期存款利息。"但相比其他三个答案的明显错误，A答案已是最符合题意的答案，因此选择A答案。

39.【答案】B

40.【答案】B

41.【答案】B

42.【答案】D

【解析】当应予计算的实际工程量与招标工程量清单出现偏差（包括因工程变更等原因导致的工程量偏差）超过15%，且该变化引起措施项目相应发生变化，如该措施项目是按系数或单一总价方式计价的，对措施项目费的调整原则为：工程量增加的，措施项目费调增；工程量减少的，措施项目费调减。答案A、B都是不准确的，因为单价措施项目会随着工程量变化超过一定幅度而调整单价，工程量增加会调低单价，工程量减少会调高单价。但就措施项目费总额来说,与工程量的变动方向应是一致的。

43.【答案】A

【解析】基本价格指数应采用2018年2月价格指数,现行价格指数应采用2019年2月价格指数。

调差额 $= 200 \times \left[0.15 + \left(0.45 \times \dfrac{110.1}{100} + 0.11 \times \dfrac{98}{100.8} + 0.11 \times \dfrac{112.9}{102} + 0.05 \times \dfrac{95.9}{93.6} + 0.06 \times \dfrac{98.9}{100.2} + 0.03 \times \dfrac{91.1}{95.4} + 0.04 \times \dfrac{117.9}{93.4} \right) - 1 \right]$

$= 12.75$(万元)

44.【答案】A

45.【答案】D

【解析】材料费的索赔包括:由于索赔事件的发生造成材料实际用量超过计划用量而增加的材料费;由于发包人原因导致工程延期期间的材料价格上涨和超期储存费用。材料费中应包括运输费、仓储费,以及合理的损耗费用。如果由于承包商管理不善,造成材料损坏失效,则不能列入索赔款项内。

46.【答案】A

47.【答案】D

48.【答案】B

【解析】工程预付款是由发包人按照合同约定,在正式开工前由发包人预先支付给承包人,用于购买工程施工所需的材料和组织施工机械和人员进场的价款。

49.【答案】D

50.【答案】B

51.【答案】D

52.【答案】C

【解析】当事人对工程量有争议的,按照施工过程中形成的签证等书面文件确认。承包人能够证明发包人同意其施工,但未能提供签证文件证明工程量发生的,可以按照当事人提供的其他证据确认实际发生的工程量。

53.【答案】D

【解析】缺乏资质的单位或者个人借用有资质的建筑施工企业名义签订建设工程施工合同,发包人请求出借方与借用方对建设工程质量不合格等因出借资质造成的损失承担连带赔偿责任的,人民法院应予支持。此知识点为2019版教材新增内容。

54.【答案】B

【解析】一方当事人对双方当事人已经签认的某一工程项目的计量结果有异议的,鉴定人应按以下规定进行鉴定:

(1)当事人一方仅提出异议未提供具体证据的,按原计量结果进行鉴定;

(2)当事人一方既提出异议又提出具体证据的,应对原计量结果进行复核,必要时可到现场复核,按复核后的计量结果进行鉴定。

此知识点为2019版教材新增内容。

55.【答案】D

56.【答案】D

【解析】根据《FIDIC施工合同条件》的规定,如果接收证书仅就(或者被认为仅就)某分项工程签发,而"合同数据"中没有规定该分项工程的价格比例,则不应对该分项工程保留金的任何一半按比例放还。

57.【答案】A

【解析】支付分解表的金额是指按照事先约定的支付节点进行支付的金额,而不包括每月按实际完成工程量支付的工程款。

58.【答案】A

【解析】待核销基建支出,若形成资产产权归属本单位的,计入交付使用资产价值;形成产权不归属本单位的,作为转出投资处理。

59.【答案】C

【解析】项目竣工决算审核的内容包括工程价款结算、项目核算管理、项目建设资金管理、项目基本建设程序执行及建设管理、概(预)算执行、交付使用资产及尾工工程等。其中项目建设资金管理情况审核包括资金筹集情况、资金到位情况、项目资金使用情况审核。

60.【答案】C

【解析】应分摊的建设单位管理费 $= \dfrac{800+500+600}{5000+800+1200} \times 80 = 21.70$(万元)

应分摊的土地征用费和建筑设计费 $= \dfrac{800}{5000} \times (90+50) = 22.4$(万元)

应分摊的工艺设计费 $= \dfrac{500}{800} \times 30 = 18.75$(万元)

总装车间新增固定资产价值 $=800+500+600+21.70+22.4+18.75=1962.85$(万元)

二、多项选择题(共20题,每题2分。每题的备选项中,有2个或2个以上符合题意,至少有1个错项。错选,本题不得分;少选,所选的每个选项得0.5分)

61.【答案】ACE

【解析】机床无须缴纳车辆购置税。

62.【答案】ABC

【解析】企业管理费中有四项内容涉及进项税额扣除,分别是办公费、固定资产使用费、工具用具使用费和检验试验费。

63.【答案】BDE

64.【答案】BC

【解析】根据《住房城乡建设部关于进一步推进工程造价管理改革的指导意见》(建标〔2014〕142)的要求,清单计价方式应满足"完善工程项目划分,建立多层级工程量清单,形成以清单计价规范和各专(行)业工程量计算规范配套使用的清单规范体系,满足不同设计深度、不同复杂程度、不同承包方式及不同管理需求下工程计价的需要"的原则。

65.【答案】AB

66.【答案】BE

67.【答案】ABD

【解析】考生应注意区分施工机械台班单价和施工仪器仪表台班单价组成内容的区别。

68.【答案】BDE

69.【答案】AB

【解析】BIM 在施工过程中为建设项目各参与方提供了施工计划与造价控制的所有数据。项目各参与方人员在正式开工前就可以通过模型确定不同时间节点和施工进度、施工成本以及资源计划配置，可以直观地按月、按周、按日观看到项目的具体实施情况并得到该时间节点的造价数据，方便项目的实时修改调整，实现限额领料施工，最大限度地体现造价控制的效果。此知识点为 2019 版教材新增内容。

70.【答案】BCD

71.【答案】BDE

【解析】因项目建设期价格大幅上涨、政策调整、地质条件发生重大变化和自然灾害等不可抗力因素等原因导致原核定概算不能满足工程实际需要的，可以向国家发展改革委申请调整概算。概算调增幅度超过原批复概算百分之十的，概算核定部门原则上先商请审计机关进行审计，并依据审计结论进行概算调整。一个工程只允许调整一次概算。此知识点为 2019 版教材新修订内容。

72.【答案】AE

73.【答案】BCD

74.【答案】BDE

75.【答案】BDE

【解析】所谓显著的差异或保留包括以下情况：对工程的范围、质量及使用性能产生实质性影响；偏离了招标文件的要求，而对合同中规定的招标人的权利或者投标人的义务造成实质性的限制；纠正这种差异或者保留将会对提交了实质性响应要求的投标书的其他投标人的竞争地位产生不公正影响。

76.【答案】AE

77.【答案】BDE

【解析】当采用通过市场调查等取得的有合法依据的市场价格进行变更组价时，无须考虑报价浮动率。

78.【答案】ADE

79.【答案】ACE

80.【答案】ABD

模拟题六答案与解析

一、单项选择题（共60题，每题1分。每题的备选项中，只有一个最符合题意）

1.【答案】B

2.【答案】D

【解析】外贸手续费=到岸价×外贸手续费率=$\dfrac{300 \times 6.7 \times (1 + 5\%)}{1 - 1.5\%} \times 1.5\% = 32.14$（万元）

3.【答案】A

4.【答案】D

5.【答案】B

6.【答案】C

【解析】新建项目的场地准备和临时设施费应根据实际工程量估算，或按工程费用的比例计算。改扩建项目一般只计拆除清理费。

7.【答案】D

【解析】市政公用配套设施费是指使用市政公用设施的工程项目，按照项目所在地政府有关规定建设或缴纳的市政公用设施建设配套费用。市政公用配套设施可以是界区外配套的水、电、路、信等，包括绿化、人防等配套设施。此知识点为2019版教材新增内容。

8.【答案】D

9.【答案】C

【解析】价差预备费一般根据国家规定的投资综合价格指数，按估算年份价格水平的投资额为基数，采用复利方法计算。

10.【答案】A

【解析】在教材P38 图2.1.2中，应注意掌握项目编码的确定和计量单位的确定与施工组织设计、施工规范和验收规范是无关的。

11.【答案】B

12.【答案】B

13.【答案】A

【解析】计日工表的项目名称、暂定数量由招标人填写，编制招标控制价时，单价由招标人按有关计价规定确定；投标时，单价由投标人自主报价，按暂定数量计算合价计入投标总价中。结算时，按发承包双方确认的实际数量计算合价。

14.【答案】C

【解析】在机器工作时间分类中，不可避免的无负荷工作时间，是由施工过程的特点和机械结构的特点造成的机械无负荷工作时间。例如筑路机在工作区末端调头等，就属于此项工作时间的消耗。

15.【答案】C

16.【答案】D

17.【答案】C

【解析】台班人工费 $= 2 \times \left(1 + \dfrac{250-230}{230}\right) \times 110 = 239.13$（元/台班）

18.【答案】D

19.【答案】B

20.【答案】A

21.【答案】D

【解析】工程造价指标包括三大用途：作为对已完或在建工程进行造价分析的依据；作为拟建类似项目工程计价的重要依据；作为反映同类工程造价变化规律的基础资料。其中作为对已完或在建工程进行造价分析的依据又包括：总体水平分析、构成分析、影响因素与风险分析、变动分析。

22.【答案】D

23.【答案】B

24.【答案】D

【解析】静态投资额 $= 5 \times \left(\dfrac{30}{10}\right)^{0.75} \times (1+8)^{4} = 15.51$（亿元）

25.【答案】A

【解析】流动资金 = 150+30+200+60−80−50 = 310（万元）

26.【答案】A

【解析】在进行建筑设计时，设计单位及设计人员应首先考虑业主所要求的建筑标准，根据建筑物、构筑物的使用性质、功能及业主的经济实力等因素确定；其次应在考虑施工条件和施工过程的合理组织的基础上，决定工程的立体平面设计和结构方案的工艺要求。

27.【答案】B

28.【答案】D

【解析】在各种概算编制的方法中，均采用全费用单价，因此在汇总后不需要计取其他费用。

29.【答案】C

30.【答案】B

31.【答案】B

【解析】对于招标发包的项目，即以招标投标方式签订的合同中，应以中标时确定的金额为签约合同价；对于直接发包的项目，如按初步设计总概算投资包干时，应以经审批的概算投资中与承包内容相应部分的投资（包括相应的不可预见费）为签约合同价；如按施工图预算包干，则应以审查后的施工图预算或综合预算为签约合同价。

32.【答案】A
33.【答案】B
34.【答案】C
35.【答案】C
36.【答案】C

【解析】对于法律、法规、规章或有关政策出台导致工程税金、规费、人工费发生变化，并由省级、行业建设行政主管部门或其授权的工程造价管理机构根据上述变化发布的政策性调整，以及由政府定价或政府指导价管理的原材料等价格进行了调整，承包人不应承担此类风险，应按照有关调整规定执行。

37.【答案】B
38.【答案】B
39.【答案】D

【解析】确定管理费率和利润率最简单的也是最客观的方式是模糊综合评价法，计算风险费率可以运用模糊综合评价法和层次分析法等方法进行计算。

40.【答案】B
41.【答案】C
42.【答案】D

【解析】任一计日工项目实施结束。承包人应按照确认的计日工现场签证报告核实该类项目的工程数量，并根据核实的工程数量和承包人已标价工程量清单中的计日工单价计算，提出应付价款；已标价工程量清单中没有该类计日工单价的，由发承包双方按工程变更的有关的规定商定计日工单价计算。

43.【答案】D
44.【答案】C
45.【答案】A
46.【答案】A

【解析】其他类合同价款调整事项主要指现场签证。现场签证是指发包人或其授权现场代表（包括工程监理人、工程造价咨询人）与承包人或其授权现场代表就施工过程中涉及的责任事件所做的签认证明。

47.【答案】B
48.【答案】C
49.【答案】D

【解析】工程预付款额度，各地区、各部门的规定不完全相同，主要是保证施工所需材料和构件的正常储备。工程预付款额度一般是根据施工工期、建安工作量、主要材料和构件费用占建安工程费的比例以及材料储备周期等因素经测算来确定。

50.【答案】B
51.【答案】B
52.【答案】A

【解析】利息从应付工程价款之日计付。当事人对付款时间没有约定或者约定不明

的,下列时间视为应付款时间:

(1) 建设工程已实际交付的,为交付之日;

(2) 建设工程没有交付的,为提交竣工结算文件之日;

(3) 建设工程未交付,工程价款也未结算的,为当事人起诉之日。

53.【答案】A

【解析】发包人具有下列情形之一,造成建设工程质量缺陷,应当承担过错责任:

(1) 提供的设计有缺陷;

(2) 提供或者指定购买的建筑材料、建筑构配件、设备不符合强制性标准;

(3) 直接指定分包人分包专业工程。

此知识点为2019版教材新增知识点。

54.【答案】C

【解析】如合同中约定不执行人工费调整文件的,鉴定人应提请委托人决定并按其决定进行鉴定。因此A不对。

55.【答案】D

56.【答案】C

57.【答案】B

58.【答案】B

【解析】基本建设项目完工可投入使用或者试运行合格后,应当在3个月内编报竣工财务决算,特殊情况确需延长的,中小型项目不得超过2个月,大型项目不得超过6个月。因此大型项目竣工财务决算的编制总时长应不超过9个月。

59.【答案】D

60.【答案】A

二、多项选择题(共20题,每题2分。每题的备选项中,有2个或2个以上符合题意,至少有1个错项。错选,本题不得分;少选,所选的每个选项得0.5分)

61.【答案】ABCE

62.【答案】BCD

【解析】建筑安装工程费企业管理费中税金是指企业按规定缴纳的房产税、非生产性车船使用税、土地使用税、印花税、城市维护建设税、教育费附加、地方教育附加等各项税费。

63.【答案】BCD

64.【答案】CD

【解析】规费税金项目清单中只有名称,没有数量,因此A不正确。

65.【答案】BCE

66.【答案】ACD

67.【答案】ABE

68.【答案】BCD

69.【答案】BDE

【解析】基于BIM的结算管理不但提高工程量计算的效率和准确性,对于结算资料的完备性和规范性还具有很大的作用。在造价管理过程中，BIM 数据库也不断修改完善，模型相关的合同、设计变更、现场签证、计量支付、材料管理等信息也不断录入与更新，到竣工结算时，其信息量已完全可以表达工程实体。BIM 的准确性和过程记录完备性有助于提高结算效率，同时可以随时查看变更前后的模型进行对比分析，避免结算时描述不清，从而加快结算和审核速度。此知识点为 2019 版教材新增内容。

70.【答案】AD

【解析】在技改项目中，可采用生产能力平衡法来确定合理生产规模。最大工序生产能力法是以现有最大生产能力的工序为标准，逐步填平补齐，成龙配套，使之满足最大生产能力的设备要求。最小公倍数法是以项目各工序生产能力或现有标准设备的生产能力为基础，并以各工序生产能力的最小公倍数为准，通过填平补齐，成龙配套，形成最佳的生产规模。

71.【答案】BCE

72.【答案】BCE

73.【答案】CDE

【解析】当未进行资格预审时，招标文件中应包括招标公告。当进行资格预审时，招标文件中应包括投标邀请书，该邀请书可代替资格预审通过通知书，以明确投标人已具备了在某具体项目某具体标段的投标资格，其他内容包括招标文件的获取、投标文件的递交等。

74.【答案】ABC

75.【答案】AC

76.【答案】ACD

77.【答案】BCD

78.【答案】DE

79.【答案】BDE

80.【答案】ABDE

模拟题七答案与解析

一、单项选择题（共60题，每题1分。每题的备选项中，只有一个最符合题意）

1.【答案】C
2.【答案】C
3.【答案】B

【解析】在线数据和交易处理服务属于增值电信服务，适用6%的增值税税率。

4.【答案】A
5.【答案】A

【解析】在国外建筑安装工程费用中，管理费包括工程现场管理费和公司管理费。管理费除了包括与我国施工管理费构成相似的管理人员工资、管理人员辅助工资、办公费、差旅交通费、固定资产使用费、生活设施使用费、工具用具使用费、劳动保护费、检验试验费以外，还含有业务经费。投标保函费属于业务经费的范畴。

6.【答案】B
7.【答案】C

【解析】专项评价费包括环境影响评价费、安全预评价费、职业病危害预评价费、地震安全性评价费、地质灾害危险性评价费、水土保持评价费、压覆矿产资源评价费、节能评估费、危险与可操作性分析及安全完整性评价费以及其他专项评价费。

8.【答案】A
9.【答案】C

【解析】由于建设期内利息当年支付，所以利息无须滚动至下一年再计息。

$q_1 = (500 \div 2) \times 10\% = 25 (万元)$
$q_2 = (500 + 1000 \div 2) \times 10\% = 100 (万元)$
$q_3 = (500 + 1000 + 300 \div 2) \times 10\% = 165 (万元)$
建设期利息 = 25 + 100 + 165 = 290（万元）

10.【答案】A

【解析】综合单价是指完成一个规定清单项目所需的人工费、材料和工程设备费、施工机具使用费和企业管理费、利润以及一定范围内的风险费用。风险费用是隐含于已标价工程量清单综合单价中，用于化解发承包双方在工程合同中约定的风险内容和范围的费用。

11.【答案】A

【解析】应注意题干中"计价性定额"概念的限制，因此答案为"预算定额"，而非"施工定额"。

12.【答案】D

13. 【答案】B
14. 【答案】A

【解析】在机器工作时间分类中，有根据地降低负荷下的工作时间，是在个别情况下由于技术上的原因，机器在低于其计算负荷下工作的时间。例如，汽车运输重量轻而体积大的货物时，不能充分利用汽车的载重吨位因而不得不降低其计算负荷。有根据地降低负荷下的工作时间属于有效工作时间。

15. 【答案】D

【解析】基本工作时间 = 7小时 = 0.875（工日/m^3）

工序作业时间 = $\frac{0.875}{1-2\%}$ = 0.893（工日/m^3）

定额时间 = $\frac{0.893}{1-3\%-2\%-18\%}$ = 1.160（工日/m^3）

产量定额 = $\frac{1}{1.16}$ = 0.862（m^3/工日）

16. 【答案】B

【解析】采购保管费 = (2000+50)×(1+0.5%)×4% = 82.41(元/t)

17. 【答案】D
18. 【答案】C

【解析】预算定额人工工日消耗量 = (10+2+1)×(1+10%) = 14.3(工日)

19. 【答案】B
20. 【答案】D
21. 【答案】B

【解析】工程造价指标包括三大用途：作为对已完或在建工程进行造价分析的依据；作为拟建类似项目工程计价的重要依据；作为反映同类工程造价变化规律的基础资料。其中作为拟建类似项目工程计价的重要依据又包括：用作编制投资估算的重要依据、用作编制初步设计概算和审查施工图预算的重要依据、用作确定招标控制价和投标报价的参考资料。

22. 【答案】A
23. 【答案】C

【解析】应用朗格系数法进行工程项目或装置估价的精度仍不是很高，主要原因为：(1) 装置规模大小发生变化；(2) 不同地区自然地理条件的差异；(3) 不同地区经济地理条件的差异；(4) 不同地区气候条件的差异；(5) 主要设备材质发生变化时，设备费用变化较大而安装费变化不大。

24. 【答案】D

【解析】计算项目的静态投资，因此建设期的价格波动不考虑在内。

静态投资额 = $5 \times \left(\frac{30}{10}\right)^{0.75} \times (1+8\%)^4$ = 15.51(亿元)

25. 【答案】D

26.【答案】B
27.【答案】B
28.【答案】A

【解析】流动资金指为进行正常生产运营，用于购买原材料、燃料、支付工资及其他运营费用等所需的周转资金。在可行性研究阶段用于财务分析时计为全部流动资金，在初步设计及以后阶段用于计算"项目报批总投资"或"项目概算总投资"时计为铺底流动资金。铺底流动资金是指生产经营性建设项目为保证投产后正常的生产运营所需，并在项目资本金中筹措的自有流动资金。

29.【答案】B

【解析】与实物量法相比，工料单价法有两个独有的步骤，即"编制工料分析表"和"计算主材费并调整直接费"。

30.【答案】B

【解析】在招标工程量清单编制的准备工作中，拟定常规施工组织设计的目的主要是为了措施项目清单，由于施工步骤与措施项目列项无关，因此拟定施工总方案时通常不需考虑。

31.【答案】C
32.【答案】B
33.【答案】A
34.【答案】C

【解析】投标报价的编制过程，应首先根据招标人提供的工程量清单编制分部分项工程和措施项目清单与计价表，其他项目清单与计价表，规费、税金项目计价表，编制完成后，汇总得到单位工程投标报价汇总表，再逐级汇总，分别得出单项工程投标报价汇总表和建设项目投标报价汇总表。

35.【答案】D
36.【答案】D
37.【答案】D

【解析】经评审的最低投标价法是按照经评审的投标价由低到高的顺序推荐中标候选人，或根据招标人授权直接确定中标人，但投标报价低于其成本的除外。经评审的投标价相等时，投标报价低的优先；投标报价也相等的，优先条件由招标人事先在招标文件中确定。

38.【答案】C

【解析】根据《建筑工程施工发包与承包计价管理办法》（住房城乡建设部第16号令），所有的合同价款类型的选择均为推荐性意见，因此所有"应采用"或类似的表述都是不正确的。

39.【答案】D

【解析】在进行工程总承包投标报价时，"标高金"由管理费、利润和风险费组成。管理费属于"总部"的日常开支在该项目上的摊销，与公司本部费用有所不同，公司本部费用是与项目直接相关的管理费用和勘察设计费用。管理费用的划分标准没有统一的定义，根据公司实际情况由公司自行决定。

40.【答案】C

41.【答案】B

【解析】在变更事件中，安全文明施工费按照实际发生变化的措施项目调整，不得浮动。

42.【答案】B

43.【答案】C

【解析】当采用价格指数法调整价格差额时，若得不到现行价格指数的，可暂用上一次价格指数计算，并在以后的付款中再按实际价格指数进行调整。

44.【答案】C

45.【答案】B

【解析】工程应分摊的总部管理费 $= 2000 \times \dfrac{6000}{30000} = 400$（万元）

日平均总部管理费 $= \dfrac{400}{300} = 1.333$（万元）

索赔的总部管理费 $= 1.333 \times 20 = 26.67$（万元）

46.【答案】B

47.【答案】D

48.【答案】D

【解析】起扣点 $T = 1000 - \dfrac{1000 \times 20\%}{50\%} = 600$（万元）

49.【答案】B

【解析】预付款数额 $= \dfrac{1000 \times 40\%}{365} \times (10 + 5 + 2 + 15 + 10) = 46.03$（万元）

50.【答案】B

【解析】《住房城乡建设部关于进一步推进工程造价管理改革的指导意见》（建标〔2014〕142号）中指出，应"完善建设工程价款结算办法，转变结算方式，推行过程结算，简化竣工结算。"因此竣工结算的编制依据中不包括竣工图。

51.【答案】A

52.【答案】B

53.【答案】B

【解析】当事人签订的建设工程施工合同与招标文件、投标文件、中标通知书载明的工程范围、建设工期、工程质量、工程价款不一致，一方当事人请求将招标文件、投标文件、中标通知书作为结算工程价款的依据的，人民法院应予支持。此知识点为2019版教材新增内容。

54.【答案】A

55.【答案】D

56.【答案】C

57.【答案】D

【解析】根据《FIDIC施工合同条件》的规定，承包商的建议包括两类：一类是工程师征求承包商的建议，另一类是承包商基于价值工程主动提出的建议。

58.【答案】C

【解析】基本建设项目完工可投入使用或者试运行合格后，应当在3个月内编报竣工财务决算，特殊情况确需延长的，中小型项目不得超过2个月，大型项目不得超过6个月。因此中小型项目竣工财务决算的编制总时长应不超过5个月。

59.【答案】D

60.【答案】D

【解析】一般情况下，建设单位管理费按建筑工程、安装工程、需安装设备价值总额等按比例分摊，而土地征用费、地质勘察和建筑工程设计费等费用则按建筑工程造价比例分摊，生产工艺流程系统设计费按安装工程造价比例分摊。

二、多项选择题（共20题，每题2分。每题的备选项中，有2个或2个以上符合题意，至少有1个错项。错选，本题不得分；少选，所选的每个选项得0.5分）

61.【答案】BCD

【解析】消费税的计算公式为：

$$应纳消费税税额 = \frac{到岸价格(CIF) \times 人民币外汇汇率 + 关税}{1 - 消费税税率} \times 消费税税率$$

其计算基数相当于"到岸价+关税+消费税"。

62.【答案】BE

63.【答案】ACE

64.【答案】ACD

【解析】分部分项工程项目清单的项目特征应按各专业工程工程量计算规范附录中规定的项目特征，结合技术规范、标准图集、施工图纸，按照工程结构、使用材质及规格或安装位置等，予以详细而准确的表述和说明。

65.【答案】CDE

【解析】工程建设标准的高低、工程的复杂程度、工程的工期长短、工程的组成内容、发包人对工程管理的要求等都直接影响其他项目清单的具体内容。

66.【答案】CDE

67.【答案】ACD

68.【答案】ABD

69.【答案】BCE

【解析】应注意区分"工程计价信息的特点"与"工程计价信息的管理原则"这两个知识点的内容。

70.【答案】BD

71.【答案】AC

72.【答案】BCE

73.【答案】ACDE

74.【答案】AE

【解析】由于招标人提供的招标工程量清单可能不能满足不同投标人的个性化需要,因此措施项目的内容应依据招标人提供的措施项目清单和投标人投标时拟定的施工组织设计或施工方案确定。

75.【答案】AC

76.【答案】BE

77.【答案】BD

78.【答案】DE

【解析】在索赔依据中,部门规章以及工程项目所在地的地方性法规或地方政府规章,也可以作为工程索赔的依据,但应当在施工合同专用条款中约定为工程合同的适用法律。对于工程建设的强制性标准,是合同双方必须严格执行的;对于非强制性标准,必须在合同中有明确规定的情况下,才能作为索赔的依据。

79.【答案】BCE

80.【答案】BCD

模拟题八答案与解析

一、单项选择题（共60题，每题1分。每题的备选项中，只有一个最符合题意）

1.【答案】A

【解析】工程费用=2000+3000=5000（万元）。

2.【答案】C

【解析】设到岸价格为 X，则 $X+500×0.2\%+X×1.5\%+X×10\%+(X+X×10\%)×13\%=692.9$（万元）。则到岸价=550（万元）。

3.【答案】B

4.【答案】A

5.【答案】B

【解析】开办费中的项目有临时设施、为业主提供的办公和生活设施、脚手架等费用，工程量清单的开办费部分单独分项报价。这种方式适用于不直接消耗在某个分部分项工程上，无法与分部分项工程直接对应，但是对完成工程建设必不可少的费用。

6.【答案】B

7.【答案】A

8.【答案】B

【解析】基本预备费是按工程费用和工程建设其他费用二者之和为计取基础，乘以基本预备费费率进行计算。基本预备费费率的取值应执行国家及部门的有关规定。

9.【答案】A

【解析】$q_1=(500÷2)×10\%=25$（万元）

$q_2=(525+800÷2)×10\%=92.5$（万元）

10.【答案】C

11.【答案】A

12.【答案】D

【解析】在总价措施项目清单与计价表中，按施工方案计算的措施费，若无"计算基础"和"费率"的数值，也可只填"金额"数值，但应在备注栏说明施工方案出处或计算方法。因此必须填写的项是金额。

13.【答案】A

14.【答案】D

【解析】准备与结束时间不属于循环组成部分工作时间消耗，因此只能用写实记录法研究而不适合用测时法研究。

15.【答案】D

【解析】砖净用量 = $\dfrac{1}{0.24 \times (0.24+0.01) \times (0.053+0.01)} \times 1 \times 2 = 529(块)$

砂浆净用量 = $1 - 529 \times (0.24 \times 0.115 \times 0.053) = 0.226(m^3)$

砂浆消耗量定额 = $0.226 \times (1+5\%) = 0.237(m^3)$

16.【答案】D

【解析】采购及保管费 = $\left(\dfrac{1000}{1.13} + \dfrac{30}{1.09}\right) \times (1+0.6\%) \times 5\% = 45.90(元/t)$

17.【答案】D

18.【答案】B

【解析】辅助用工和人工幅度差的区别是常见的考点,考生应注意掌握。

19.【答案】D

20.【答案】D

21.【答案】A

【解析】工程造价指标包括三大用途:作为对已完或在建工程进行造价分析的依据;作为拟建类似项目工程计价的重要依据;作为反映同类工程造价变化规律的基础资料。其中作为反映同类工程造价变化规律的资料又包括:用作编制各类定额的基础资料、用以研究同类工程造价的变化规律,编制造价指数。

22.【答案】D

【解析】在投资估算分析内容中,费用构成占比分析与工程投资比例分析之间的差别,考生应注意掌握。

23.【答案】A

24.【答案】A

25.【答案】A

【解析】电气设备及自控仪表安装费估算。以单项工程为单元,根据该专业设计的具体内容,采用相适应的投资估算指标或类似工程造价资料进行估算,或根据设备台套数、变配电容量、装机容量、桥架重量、电缆长度等工程量,采用相应综合单价指标进行估算。

26.【答案】D

27.【答案】B

28.【答案】A

29.【答案】D

【解析】在用工料单价法编制施工图预算时,包括工作步骤"计算主材费并调整直接费",此时调整的依据是市场材料价格,因此在收集编制依据时需要收集材料的市场价格。

30.【答案】C

31.【答案】D

32.【答案】A

33.【答案】D

34. 【答案】A

35. 【答案】B

【解析】依法必须进行招标的项目的境内投标单位，以现金或者支票形式提交的投标保证金应当从其基本账户转出。投标人不按要求提交投标保证金的，其投标文件应被否决。

36. 【答案】D

【解析】除招标文件另有规定外，投标人不得递交备选投标方案。允许投标人递交备选投标方案的，只有中标人所递交的备选投标方案方可予以考虑。评标委员会认为中标人的备选投标方案优于其按照招标文件要求编制的投标方案的，招标人可以接受该备选投标方案。

37. 【答案】A

38. 【答案】B

39. 【答案】A

【解析】经评审的最低投标价法的初步评审标准包括形式评审标准、资格评审标准、响应性评审标准、承包人建议书评审标准、承包人实施方案评审标准五个方面。其中形式评审标准、资格评审标准、响应性评审标准的内容与综合评估法基本相同。

40. 【答案】D

41. 【答案】C

【解析】新增分部分项工程项目清单项目后，引起措施项目发生变化的，应当按照工程变更事件中关于措施项目费的调整方法，在承包人提交的实施方案被发包人批准后，调整合同价款；由于招标工程量清单中措施项目缺项，承包人应将新增措施项目实施方案提交发包人批准后，按照工程变更事件中的有关规定调整合同价款。

42. 【答案】C

【解析】应按照新单价结算的工程量 = 120-100×1.15 = 5（万 m^3）

应结工程款 = [(25-5)×12+5×10]×(1-3%) = 281.3(万元)

43. 【答案】D

44. 【答案】C

45. 【答案】D

【解析】台班其他费 = 300-100-35-20-15-80-25 = 25（元/台班）

台班停滞费的计算标准 = 100+80+25 = 205（元/台班）

46. 【答案】C

47. 【答案】B

【解析】附属工程每延误1日历天的误期赔偿费标准 = $2 \times \frac{200}{200+1000} = 0.333$（万元）

该工程的误期赔偿费 = 60×0.333 = 20（万元）

48. 【答案】D

49. 【答案】C

50. 【答案】A

51.【答案】D

【解析】发现已签发的任何支付证书有错、漏或重复的数额，发包人有权予以修正，承包人也有权提出修正申请。经发承包双方复核同意修正的，应在本次到期的进度款中支付或扣除。

52.【答案】D

53.【答案】D

【解析】当事人就同一建设工程订立的数份建设工程施工合同均无效，但建设工程质量合格，一方当事人请求参照实际履行的合同结算建设工程价款的，人民法院应予支持。实际履行的合同难以确定，当事人请求参照最后签订的合同结算建设工程价款的，人民法院应予支持。此知识点为2019版教材新增内容。

54.【答案】D

【解析】当鉴定项目合同约定矛盾或鉴定事项中部分内容证据矛盾，委托人暂不明确要求鉴定人分别鉴定的，可分别按照不同的合同约定或证据，作出选择性意见，由委托人判断使用。此知识点为2019版教材新增内容。

55.【答案】C

56.【答案】A

57.【答案】C

【解析】如果承包商认为其建议被业主采纳后能够缩短工程工期，降低业主实施、维护或运营工程的费用，能为业主提高竣工工程的效率、价值或者为业主带来其他利益，那么他可以随时向工程师提交一份书面建议。承包商应自费编制此类建议书，其内容与工程师指示变更程序中要求承包商提交的建议书的内容一致；工程师收到承包商的建议书后，应当尽快以书面形式予以答复，说明其是否批准承包商的建议。工程师在作出答复前应当征求业主同意。承包商在等待答复期间，不得延误任何工作。此知识点为2019版教材新增内容。

58.【答案】B

【解析】由财政部直接批复竣工决算的范围：

（1）主管部门本级的投资额在3000万元（不含3000万元，按完成投资口径）以上的项目决算。

（2）不向财政部报送年度部门决算的中央单位项目决算。主要是指不向财政部报送年度决算的社会团体、国有及国有控股企业使用财政资金的非经营性项目和使用财政资金占项目资本比例超过50%的经营性项目决算。

此知识点为2019版教材新增内容。

59.【答案】C

60.【答案】B

二、多项选择题（共20题，每题2分。每题的备选项中，有2个或2个以上符合题意，至少有1个错项。错选，本题不得分；少选，所选的每个选项得0.5分）

61.【答案】ABD

62.【答案】ACE

【解析】当采用一般计税方法时，建筑业增值税税率为9%。计税基数为税前造价，税前造价为人工费、材料费、施工机具使用费、企业管理费、利润和规费之和，各费用项目均以不包含增值税可抵扣进项税额的价格计算，当采用简易计税方法时，建筑业增值税税率为3%。税前造价为人工费、材料费、施工机具使用费、企业管理费、利润和规费之和，各费用项目均以包含增值税进项税额的含税价格计算。

63.【答案】BCE

64.【答案】ABCE

【解析】工程建设自身的特性决定了工程的设计需要根据工程进展不断地进行优化和调整，业主需求可能会随工程建设进展出现变化，工程建设过程还会存在一些不能预见、不能确定的因素。消化这些因素必然会影响合同价格的调整，暂列金额正是因这类不可避免的价格调整而设立，以便达到合理确定和有效控制工程造价的目标。

65.【答案】ACD

66.【答案】AB

67.【答案】ABDE

【解析】维护费指施工机械在规定的耐用总台班内，按规定的维护间隔进行各级维护和临时故障排除所需的费用。保障机械正常运转所需替换与随机配备工具附具的摊销和维护费用、机械运转及日常保养维护所需润滑与擦拭的材料费用及机械停滞期间的维护费用等。

68.【答案】BCE

69.【答案】ACE

【解析】数据统计法计算建设工程经济指标、工程量指标、工料消耗量指标时，应将所有样本工程的单位造价、单位工程量、单位消耗量进行排序，从序列两端各去掉5%的边缘项目，边缘项目不足1时按1计算，剩下的样本采用加权平均计算，得出相应的造价指标。此知识点为2019版教材中新增内容。

70.【答案】ACE

71.【答案】BDE

72.【答案】ABD

73.【答案】ADE

74.【答案】AC

【解析】项目特征是确定综合单价的重要依据之一，投标人投标报价时应依据招标文件中清单项目的特征描述确定综合单价。在招标投标过程中，当出现招标工程量清单特征描述与设计图纸不符时，投标人应以招标工程量清单的项目特征描述为准，确定投标报价的综合单价。当施工中施工图纸或设计变更与招标工程量清单项目特征描述不一致时，发承包双方应按实际施工的项目特征，依据合同约定重新确定综合单价。

75.【答案】CDE

76.【答案】BCE

77.【答案】AD

78.【答案】BCD

79.【答案】 ACD

【解析】 建设工程施工合同具有下列情形之一的,应当根据合同法的规定,认定无效:

(1) 承包人未取得建筑施工企业资质或者超越资质等级的;

(2) 没有资质的实际施工人借用有资质的建筑施工企业名义的;

(3) 建设工程必须进行招标而未招标或者中标无效的。

当事人以发包人未取得建设工程规划许可证等规划审批手续为由,请求确认建设工程施工合同无效的,人民法院应予支持,但发包人在起诉前取得建设工程规划许可证等规划审批手续的除外。

80.【答案】 ACE

模拟题九答案与解析

一、单项选择题（共60题，每题1分。每题的备选项中，只有一个最符合题意）

1. 【答案】B

【解析】铺底流动资金是指生产经营性建设项目为保证投产后正常的生产运营所需，并在项目资本金中筹措的自有流动资金。

2. 【答案】A

3. 【答案】D

【解析】以直接费为计算基础的企业管理费费率=300/2000=15%

4. 【答案】D

5. 【答案】A

【解析】一般纳税人以清包工方式提供的建筑服务，可以选择适用简易计税方法计税。所以也可以选择适用一般计税法计税。

6. 【答案】B

【解析】根据国家发展改革委关于《进一步放开建设项目专业服务价格的通知》（发改价格〔2015〕299号）文件的规定，技术服务费应采用市场调节价。专项评价费属于技术服务费。

7. 【答案】A

【解析】关于生产准备费的计算，新建项目按设计定员为基数计算，改扩建项目按新增设计定员为基数计算。

8. 【答案】C

9. 【答案】B

【解析】期初发生贷款，因此贷款当年应按全年计息，同时建设期内利息当年支付，因此利息无需滚动至下一年继续计息。

$q_1 = 300 \times 12\% = 36$（万元）

$q_2 = (300+600) \times 12\% = 108$（万元）

$q_3 = (900+400) \times 12\% = 156$（万元）

建设期利息 = 36+108+156 = 300（万元）

10. 【答案】D

【解析】工程造价管理基础标准包括《工程造价术语标准》GB/T 50875、《建设工程计价设备材料划分标准》GB/T 50531等。此知识点为2019版教材新增知识点。

11. 【答案】C

12. 【答案】A

13. 【答案】B

【解析】计日工是为了解决现场发生的零星工作的计价而设立的。

14.【答案】A

15.【答案】D

【解析】1次循环的持续时间＝30+15+10+5+5-5＝60（秒）

1小时的循环次数＝3600/60＝60（次）

1小时纯工作正常生产率＝300×60＝18000L＝18（m^3）

挖掘机台班产量定额＝18×8×0.85＝122.4（m^3/台班）

挖掘机台班时间定额＝1/122.4＝0.008（台班/m^3）

16.【答案】A

17.【答案】D

18.【答案】D

【解析】概算定额表达的主要内容、表达的主要方式及基本使用方法都与预算定额相近。概算定额与预算定额的不同之处，在于项目划分和综合扩大程度上的差异。

19.【答案】D

20.【答案】A

21.【答案】C

【解析】建设工程造价综合指数的编制是在单项工程造价指数编制结果的基础上，将不同专业类型的单项工程造价指数以投资额为权重加权汇总后编制完成的。

22.【答案】B

23.【答案】B

24.【答案】B

【解析】桥梁工程不用长度做单位，而是用100m^2桥面做单位，这是易错知识点。

25.【答案】B

26.【答案】C

27.【答案】C

28.【答案】A

【解析】进口设备适合采用综合吨位指标法。安装费＝30×1.2＝36（万元）

29.【答案】D

30.【答案】D

31.【答案】B

32.【答案】B

33.【答案】C

34.【答案】D

35.【答案】C

36.【答案】C

【解析】出现下列情况的，投标保证金将不予返还：

（1）投标人在规定的投标有效期内撤销或修改其投标文件；

（2）中标人在收到中标通知书后，无正当理由拒签合同协议书或未按招标文件规定提交履约担保。

37. 【答案】B
38. 【答案】C
39. 【答案】C
40. 【答案】D
41. 【答案】D

【解析】已标价工程量清单中没有适用也没有类似于变更工程项目的，由承包人根据变更工程资料、计量规则和计价办法、工程造价管理机构发布的信息（参考）价格和承包人报价浮动率，提出变更工程项目的单价或总价，报发包人确认后调整。

42. 【答案】D
43. 【答案】D
44. 【答案】D
45. 【答案】C
46. 【答案】C

【解析】改变已批准的施工工艺或顺序在《标准施工招标文件》（2007版）中算作变更，但在《建设工程施工合同（示范文本）》GF—2017—0201中不算作变更。

47. 【答案】A
48. 【答案】B
49. 【答案】D
50. 【答案】D
51. 【答案】A
52. 【答案】C
53. 【答案】C

【解析】利息从应付工程价款之日计付。当事人对付款时间没有约定或者约定不明的，下列时间视为应付款时间：

（1）建设工程已实际交付的，为交付之日；
（2）建设工程没有交付的，为提交竣工结算文件之日；
（3）建设工程未交付，工程价款也未结算的，为当事人起诉之日。

54. 【答案】A

【解析】在鉴定过程中，对鉴定项目或鉴定项目中部分内容，当事人相互协商一致，达成的书面妥协性意见应纳入确定性意见，但应在鉴定意见中予以注明。重新鉴定时，对当事人达成的书面妥协性意见，除当事人再次达成一致同意外，不得作为鉴定依据直接使用。

55. 【答案】B
56. 【答案】B
57. 【答案】B
58. 【答案】C
59. 【答案】A

【解析】由主管部门批复竣工决算的范围：
(1) 主管部门二级及以下单位的项目决算。
(2) 主管部门本级投资额在3000万元（含3000万元）以下的项目决算。
此知识点为2019版教材新增内容。

60.【答案】C

二、多项选择题（共20题，每题2分。每题的备选项中，有2个或2个以上符合题意，至少有1个错项。错选，本题不得分；少选，所选的每个选项得0.5分）

61.【答案】ACD
【解析】离岸价、FOB、货价、装运港船上交货价含义相同。到岸价、CIF、关税完税价格含义相同。抵岸价和原价含义相同。

62.【答案】BE

63.【答案】AB

64.【答案】BE
【解析】根据建设工程工程量清单计价规范的规定，规费、税金采用独立清单统一计算，在其他的清单中均不包括这两项。

65.【答案】BDE

66.【答案】ACE

67.【答案】BD
【解析】安拆费及场外运费不需计算的情况包括：
(1) 不需安拆的施工机械，不计算一次安拆费；
(2) 不需相关机械辅助运输的自行移动机械，不计算场外运费；
(3) 固定在车间的施工机械，不计算安拆费及场外运费。

68.【答案】BCD
【解析】在单项工程投资估算指标中，总图运输工程包括厂区防洪、围墙大门、传达及收发室、汽车库、消防车库、厂区道路、桥涵、厂区码头及厂区大型土石方工程。

69.【答案】BDE

70.【答案】BCE
【解析】

$$在产品 = \frac{年外购原材料、燃料费用 + 年工资及福利费 + 年修理费 + 年其他制造费用}{在产品周转次数}$$

71.【答案】ACD

72.【答案】BCDE

73.【答案】ABCD

74.【答案】ABD

75.【答案】ABCD
【解析】依法必须招标项目的中标候选人公示应当载明以下内容：中标候选人排序、名称、投标报价、质量、工期（交货期），以及评标情况；中标候选人按照招标文件要求承诺的项目负责人姓名及其相关证书名称和编号；中标候选人响应招标文件要求的资格能力条件；提出异议的渠道和方式；招标文件规定公示的其他内容。此知识点为2019版教材新增内容。

76.【答案】ABD

77.【答案】ABE

【解析】施工机械使用费的索赔包括：由于完成合同之外的额外工作所增加的机械使用费；非因承包人原因导致工效降低所增加的机械使用费；由于发包人或工程师指令错误或迟延导致机械停工的台班停滞费。在计算机械设备台班停滞费时，不能按机械设备台班费计算，因为台班费中包括设备使用费。如果机械设备是承包人自有设备，一般按台班折旧费、人工费与其他费之和计算；如果是承包人租赁的设备，一般按台班租金加上每台班分摊的施工机械进出场费计算。

78.【答案】ADE

79.【答案】BCD

80.【答案】ACE